Rajni Gautam

Colheita de energia

Rajni Gautam

Colheita de energia

Princípios, tecnologias e soluções sustentáveis

ScienciaScripts

Cover image: www.ingimage.com

This book is a translation from the original published under ISBN 978-620-7-47151-5.

Publisher:
Sciencia Scripts
is a trademark of
Dodo Books Indian Ocean Ltd. and OmniScriptum S.R.L publishing group

120 High Road, East Finchley, London, N2 9ED, United Kingdom
Str. Armeneasca 28/1, office 1, Chisinau MD-2012, Republic of Moldova, Europe
Printed at: see last page
ISBN: 978-620-7-60878-2

Prefácio

Este livro abrangente fornece uma exploração em profundidade da recolha de energia, abrangendo princípios, tecnologias, aplicações, desafios e tendências futuras. Desde os conceitos fundamentais até aos materiais avançados e às estratégias de integração, os leitores ficarão a conhecer os diversos aspectos do aproveitamento da energia ambiente para soluções energéticas sustentáveis. Estudos de casos e aplicações reais ilustram a implementação prática de tecnologias de captação de energia em vários sectores, contribuindo para um futuro mais sustentável e eficiente em termos energéticos.

Índice

Capítulo 1: Introdução

1.1 Importância da captação de energia

Numa época marcada pelo aumento da procura de energia, pelas preocupações com as alterações climáticas e por uma ênfase crescente na sustentabilidade, a importância da captação de energia nunca foi tão acentuada. Esta secção explora o significado da captação de energia e o seu papel fundamental na resposta aos desafios críticos enfrentados pela sociedade contemporânea.

Enfrentar a escassez de energia:

A escassez de energia continua a ser uma preocupação global, com as fontes de energia tradicionais a esgotarem-se e os recursos finitos a diminuírem. A extração de energia oferece uma solução convincente ao explorar fontes abundantes e renováveis que existem naturalmente no ambiente. Ao diversificar o cabaz energético e reduzir a dependência dos combustíveis fósseis, a extração de energia contribui para um ecossistema energético mais resistente e sustentável.

Possibilitando a produção descentralizada de energia:

Os sistemas centralizados de produção e distribuição de energia colocam desafios como perdas de transmissão, vulnerabilidades de infra-estruturas e acessibilidade limitada em áreas remotas. A recolha de energia potencia a produção descentralizada de energia, permitindo que as comunidades e os indivíduos produzam eletricidade no local. Isto não só aumenta a resiliência energética como também promove a independência energética em regiões com acesso limitado às redes eléctricas tradicionais.

Facilitar as tecnologias verdes:

O imperativo de transição para tecnologias mais ecológicas levou a um interesse crescente em soluções energéticas sustentáveis e amigas do ambiente. A captação de energia alinha-se perfeitamente com este objetivo, oferecendo uma alternativa limpa e renovável. As tecnologias fotovoltaica, piezoeléctrica e termoeléctrica, entre outras, permitem a criação de sistemas de energia ecológicos com um impacto ambiental mínimo.

Capacitar os dispositivos sem fios e IoT:

A proliferação da comunicação sem fios e da Internet das Coisas (IoT) alimentou a procura de fontes de energia compactas e auto-sustentáveis. A captação de energia responde às necessidades únicas de energia das redes de sensores sem fios, dos dispositivos electrónicos portáteis e dos dispositivos IoT. Ao eliminar a necessidade de substituição frequente de baterias ou de ligações com fios, a recolha de energia aumenta a eficiência e a longevidade destas tecnologias.

Aumentar a vida útil da bateria e reduzir o desperdício:

Nas aplicações em que são utilizadas baterias, a captação de energia actua como uma fonte de energia suplementar ou primária, prolongando a vida operacional das baterias.

Este facto não só reduz a frequência de substituição das baterias, como também atenua o impacto ambiental associado à eliminação das mesmas. A captação de energia contribui para a redução dos resíduos electrónicos, alinhando-se com os princípios de uma economia circular.

Impulsionar a inovação e a investigação:

A procura de tecnologias de captação de energia tornou-se um ponto fulcral para a investigação e a inovação. Os avanços na ciência dos materiais, na eletrónica e na engenharia têm sido estimulados pela procura de otimização da conversão e armazenamento de energia. Esta exploração contínua fomenta uma cultura de inovação que transcende as fronteiras tradicionais, conduzindo a descobertas com implicações de grande alcance.

1.2 Panorama histórico

O percurso da extração de energia traça uma rica tapeçaria histórica, com as suas raízes entrelaçadas com a evolução da compreensão e utilização dos recursos naturais pela humanidade. Embora a era moderna tenha testemunhado avanços notáveis, o conceito de extração de energia do ambiente remonta a séculos, reflectindo um engenho humano inato para aproveitar o poder da natureza.

As primeiras inovações e os moinhos de água (antes do século XVIII):

As primeiras formas de captação de energia podem ser vislumbradas na utilização inovadora de rodas de água e moinhos durante os tempos antigos. Os moinhos de água, movidos pela força da água corrente, serviam como captadores de energia mecânica, moendo grãos e realizando várias tarefas na agricultura e na indústria. Estes sistemas rudimentares lançaram as bases para a compreensão da conversão das forças naturais em energia utilizável.

Moinhos de vento e energia eólica (a partir do século V):

Os moinhos de vento surgiram como marcos importantes em várias civilizações, aproveitando a energia cinética do vento para efetuar trabalho mecânico. Da Pérsia à Europa, os moinhos de vento foram utilizados para moer cereais, bombear água e outras aplicações. A utilização da energia eólica marcou um passo significativo na recolha de energia, ilustrando a adaptabilidade das fontes renováveis às necessidades humanas.

Exploração da energia solar (a partir do século III a.C.):

O conceito de captação de energia solar tem raízes antigas, com as civilizações a utilizarem projectos arquitectónicos para maximizar a exposição à luz solar para fins de aquecimento. Os antigos gregos e romanos desenhavam edifícios com grandes janelas viradas a sul, captando o calor do sol durante o dia. O trabalho pioneiro de inventores como Augustin Mouchot, no século XIX, lançou as bases para as tecnologias de captação de energia solar.

Descoberta da Piezoeletricidade (década de 1880):

A descoberta da piezoeletricidade por Jacques e Pierre Curie, no final do século XIX, marcou um avanço na compreensão da forma como certos materiais geram uma carga eléctrica em resposta a um esforço mecânico. Este fenómeno lançou as bases para as tecnologias de captação de energia piezoeléctrica, que mais tarde encontrariam aplicações em sensores, actuadores e muito mais.

Radioatividade e termoeletricidade (início do século XX):

O início do século XX assistiu à descoberta da termoeletricidade, em que os diferenciais de temperatura foram explorados para gerar energia eléctrica. Simultaneamente, o aproveitamento da radioatividade, iniciado por cientistas como Marie e Pierre Curie, contribuiu para os avanços nas tecnologias termofotovoltaicas. Estes desenvolvimentos prepararam o terreno para a exploração de fontes não convencionais de captação de energia.

Renascimento da captação de energia (finais do século XX em diante):

No final do século XX, assistiu-se a um renascimento da investigação sobre a captação de energia, impulsionado pela necessidade de tecnologias sustentáveis e pela miniaturização dos dispositivos electrónicos. Os avanços na ciência dos materiais, juntamente com as inovações na nanotecnologia, deram início a uma nova era para a energia fotovoltaica, piezoeléctrica e outras tecnologias de captação.

O percurso histórico da captação de energia reflecte um continuum de criatividade e adaptação humanas. Desde os antigos moinhos de água até aos nanogeradores de ponta, cada era contribuiu para a nossa compreensão do aproveitamento das fontes de energia do ambiente. Os capítulos seguintes irão aprofundar as tecnologias e aplicações modernas que surgiram desta trajetória histórica, moldando a paisagem da captação de energia nos dias de hoje.

1.3 Panorama energético atual

No século XXI, o panorama energético global está a sofrer uma profunda transformação, impulsionada por uma confluência de factores que vão desde as preocupações ambientais e as inovações tecnológicas às mudanças geopolíticas e às considerações económicas. Compreender o atual panorama energético é crucial para contextualizar o papel da recolha de energia na satisfação das necessidades energéticas diversas e em evolução da sociedade contemporânea.

Crescente procura de energia:

A procura de energia continua a aumentar à medida que as populações crescem, as economias se expandem e os avanços tecnológicos proliferam. As economias emergentes estão a passar por uma rápida industrialização e urbanização, contribuindo significativamente para o aumento da necessidade de energia. Este aumento da procura coloca desafios às fontes de energia convencionais e exige uma abordagem diversificada e sustentável à produção de energia.

Dependência de combustíveis fósseis:

Os combustíveis fósseis, principalmente o carvão, o petróleo e o gás natural, têm sido a espinha dorsal do aprovisionamento energético global durante décadas. No entanto, a sua utilização está associada a problemas ambientais, como a poluição atmosférica e as emissões de gases com efeito de estufa. O panorama energético atual caracteriza-se pela necessidade urgente de reduzir a dependência dos combustíveis fósseis e de fazer a transição para alternativas mais limpas e sustentáveis.

Revolução das energias renováveis:

Está a ocorrer uma mudança notável com a crescente proeminência das fontes de energia renováveis. As energias solar, eólica, hidroelétrica e geotérmica estão a registar um rápido crescimento como alternativas viáveis aos combustíveis fósseis tradicionais. Os governos, as empresas e as comunidades de todo o mundo estão a investir em projectos de energias renováveis para aproveitar fontes de energia limpas e abundantes, contribuindo para uma infraestrutura energética mais sustentável e resistente.

Descentralização e redes inteligentes:

O conceito de produção descentralizada de energia está a ganhar força, desafiando o modelo centralizado tradicional. A descentralização envolve a produção de energia mais próxima do ponto de consumo, muitas vezes através de fontes renováveis. As redes inteligentes, equipadas com tecnologias avançadas de comunicação e monitorização, permitem uma distribuição eficiente, a integração de energias renováveis e a gestão do lado da procura, promovendo uma rede de energia mais dinâmica e reactiva.

Desafios do armazenamento de energia:

À medida que a quota de fontes de energia renováveis intermitentes aumenta, a necessidade de soluções eficazes de armazenamento de energia torna-se primordial. As tecnologias de captação de energia desempenham um papel crucial na resposta a este desafio, oferecendo energia suplementar e contribuindo para o desenvolvimento de sistemas avançados de armazenamento de energia. Isto é particularmente relevante para equilibrar as flutuações na produção de energia renovável e garantir um fornecimento de energia fiável.

Tecnologias emergentes e inovações:

O atual panorama energético está a assistir a um aumento das inovações tecnológicas. Materiais avançados, dispositivos energeticamente eficientes e tecnologias inteligentes estão a moldar a forma como a energia é gerada, armazenada e utilizada. A recolha de energia, com a sua capacidade de aproveitar fontes ambientais, está posicionada como um ator-chave neste panorama, oferecendo soluções sustentáveis e descentralizadas para várias aplicações.

Imperativos ambientais e climáticos:

A crescente consciencialização para a degradação ambiental e as alterações climáticas está a levar a um impulso global para práticas energéticas mais limpas e mais sustentáveis. Os decisores políticos, as indústrias e os indivíduos estão a reconhecer cada vez mais o imperativo de reduzir as pegadas de carbono e de fazer a transição para soluções energéticas com baixo teor de carbono e neutras em termos de carbono.

1.4 O papel da captação de energia na sustentabilidade

Na prossecução de um futuro sustentável, o papel da captação de energia surge como um elemento essencial, oferecendo soluções inovadoras para enfrentar os desafios do esgotamento dos recursos, do impacto ambiental e da necessidade de sistemas energéticos resilientes. Esta secção explora o papel fundamental que a captação de energia desempenha na promoção da sustentabilidade em várias dimensões.

Atenuação do impacto ambiental:

As fontes de energia tradicionais, especialmente as que dependem de combustíveis fósseis, contribuem significativamente para a degradação ambiental através da poluição do ar, da contaminação da água e das emissões de gases com efeito de estufa. A captação de energia, ao explorar fontes renováveis e ambientais, oferece uma alternativa mais limpa e amiga do ambiente. As células fotovoltaicas convertem a luz solar em eletricidade sem emitir poluentes, enquanto os dispositivos piezoeléctricos recolhem energia de vibrações mecânicas, minimizando os danos ecológicos.

Reduzir a dependência de recursos finitos:

Os combustíveis fósseis, sendo recursos finitos, enfrentam o esgotamento ao longo do tempo, conduzindo a tensões geopolíticas e incertezas económicas. As tecnologias de captação de energia, alimentadas por fontes renováveis como a luz solar, o vento e as vibrações, reduzem a dependência de recursos escassos. Esta mudança para fontes abundantes e renováveis promove a segurança energética e a resiliência face à flutuação da disponibilidade global de recursos.

Energia descentralizada e acessível:

A recolha de energia apoia a descentralização da produção de energia, permitindo que as comunidades e os indivíduos produzam eletricidade localmente. Esta abordagem descentralizada melhora o acesso à energia, particularmente em áreas remotas onde a infraestrutura eléctrica convencional é difícil de estabelecer. Ao reduzir a dependência de redes centralizadas, a recolha de energia contribui para a equidade e inclusão energética.

Permitir tecnologias sustentáveis:

A ubiquidade dos dispositivos electrónicos e a Internet das Coisas (IoT) exigem soluções de energia sustentáveis e auto-suficientes. As tecnologias de captação de energia integram-se perfeitamente nestas aplicações, fornecendo energia contínua e amiga do ambiente. Desde alimentar monitores de saúde portáteis até permitir a agricultura inteligente e a monitorização de infra-estruturas, a captação de energia facilita a proliferação de tecnologias sustentáveis.

Vida útil prolongada da bateria e redução de resíduos:

Nas aplicações em que as baterias são tradicionalmente utilizadas, a captação de energia serve como fonte de energia complementar ou primária. Ao complementar a energia das baterias, a captação de energia prolonga a vida operacional dos dispositivos, reduzindo a frequência de substituição das baterias. Isto não só minimiza os resíduos electrónicos, como também contribui para os princípios de uma economia circular, optimizando a utilização dos recursos.

Resiliência às flutuações de energia:

A intermitência das fontes de energia renováveis, como a solar e a eólica, coloca desafios à manutenção de um fornecimento de energia estável. A captação de energia, frequentemente associada a soluções de armazenamento de energia, ajuda a atenuar estas flutuações. Ao fornecer uma fonte constante de energia suplementar, a captação de energia aumenta a fiabilidade e a resiliência dos sistemas energéticos.

Contribuir para os Objectivos de Desenvolvimento Sustentável (ODS):

A captação de energia está estreitamente ligada às iniciativas globais de desenvolvimento sustentável. Contribui para vários Objectivos de Desenvolvimento Sustentável (ODS) das Nações Unidas, incluindo energia limpa e acessível (ODS 7), inovação industrial e infra-estruturas (ODS 9) e ação climática (ODS 13). O aproveitamento das fontes de energia ambientais torna-se um catalisador para a realização de um mundo mais sustentável e equitativo.

Capítulo 2: Princípios da captação de energia

2.1 Conceitos básicos de captação de energia

Na exploração da recolha de energia, é essencial compreender os conceitos fundamentais que estão na base da extração e conversão da energia ambiente em energia eléctrica utilizável. Esta secção estabelece as bases para os princípios da captação de energia, englobando conceitos-chave que definem este campo inovador.

Fontes de energia ambiente:

A captação de energia aproveita as fontes de energia naturais e omnipresentes no ambiente circundante. Estas fontes incluem, mas não se limitam a:

Energia solar: colhida através de células fotovoltaicas que convertem a luz solar em energia eléctrica.

Vibrações mecânicas: Utilizadas na captação de energia piezoeléctrica, em que as vibrações mecânicas induzem uma tensão nos materiais piezoeléctricos, gerando uma carga eléctrica.

Gradientes térmicos: Explorados na captação de energia termoeléctrica, em que os diferenciais de temperatura entre materiais são convertidos em energia eléctrica.

Energia eólica: Captada através de turbinas eólicas ou de materiais piezoeléctricos que respondem a vibrações induzidas pelo fluxo de ar.

Sinais de radiofrequência: Recolhidos através de antenas e rectificadores para converter as ondas de radiofrequência do ambiente em eletricidade.

Mecanismos de conversão:

A conversão da energia ambiente em energia eléctrica utilizável envolve mecanismos específicos adaptados a cada fonte de energia:

Conversão fotovoltaica: Os fotões da luz solar excitam os electrões nos materiais semicondutores, criando uma corrente eléctrica. Esta conversão direta da energia luminosa em eletricidade é a base das células solares.

Conversão Piezoeléctrica: Certos materiais exibem o efeito piezoelétrico, em que a tensão mecânica induz uma separação de cargas. Na captação de energia, as vibrações ou deformações destes materiais geram um potencial elétrico.

Conversão termoeléctrica: Utiliza o efeito Seebeck, em que um gradiente de temperatura através de um material termoelétrico induz o fluxo de corrente eléctrica.

Indução electromagnética: Um princípio baseado na lei de Faraday, em que um campo magnético variável induz uma força eletromotriz (EMF) numa bobina de fio.

Componentes de captação de energia:

Os sistemas de captação de energia são normalmente constituídos por vários componentes-chave:

Transdutor: O elemento responsável pela conversão da fonte de energia ambiente em energia eléctrica. Pode ser uma célula fotovoltaica, um material piezoelétrico ou um módulo termoelétrico.

Circuito de gestão de energia: Regula a energia eléctrica recolhida, optimizando os níveis de tensão e gerindo as flutuações. Os componentes incluem rectificadores, reguladores de tensão e elementos de armazenamento de energia.

Armazenamento de energia: Inclui frequentemente baterias, supercapacitores ou outros dispositivos de armazenamento para armazenar o excesso de energia recolhida para utilização durante períodos de baixa ou nenhuma disponibilidade de energia ambiente.

Carga ou aplicação: A energia eléctrica gerada é, em última análise, utilizada para alimentar aplicações ou dispositivos específicos, desde sensores sem fios a eletrónica vestível.

Eficiência e otimização:

A eficiência de um sistema de recolha de energia é crucial para maximizar a utilização da energia ambiente. Os investigadores concentram-se em otimizar a eficiência dos transdutores, circuitos de gestão de energia e componentes de armazenamento para melhorar o desempenho global do sistema. Isto implica minimizar as perdas, melhorar a eficiência da conversão e adaptar os componentes aos requisitos específicos da aplicação.

2.2 Fontes de energia colhíveis

A captação de energia baseia-se na capacidade de captar e converter várias formas de energia ambiente em energia eléctrica utilizável. Um conjunto diversificado de fontes de energia no ambiente serve de base às tecnologias de captação de energia. Cada fonte tem características distintas, e a escolha depende da aplicação específica e das condições ambientais. Vamos explorar algumas das principais fontes de energia que podem ser recolhidas:

Energia solar:

Princípio: As células fotovoltaicas convertem a luz solar em energia eléctrica através do efeito fotovoltaico, em que os fotões libertam electrões em materiais semicondutores.

Aplicações: Painéis solares nos telhados, calculadoras alimentadas a energia solar, carregadores solares portáteis e candeeiros solares de rua.

Vibrações mecânicas:

Princípio: Os materiais piezoeléctricos geram uma carga eléctrica quando sujeitos a vibrações ou deformações mecânicas.

Aplicações: Geradores piezoeléctricos em calçado para recolha de energia, sensores alimentados por vibrações e recolha de energia a partir de vibrações de máquinas.

Gradientes térmicos:

Princípio: Os materiais termoeléctricos convertem os diferenciais de temperatura em energia eléctrica através do efeito Seebeck.

Aplicações: Recuperação de calor residual em processos industriais, geradores termoeléctricos para alimentar sensores e recolha de energia a partir de diferenças de temperatura em dispositivos electrónicos.

Energia eólica:

Princípio: As turbinas eólicas captam a energia cinética do ar em movimento e os materiais piezoeléctricos respondem às vibrações induzidas pelo fluxo de ar.

Aplicações: Parques eólicos de grande escala para produção de energia em rede, pequenas turbinas eólicas para energia remota e materiais piezoeléctricos em estruturas sensíveis ao vento.

Sinais de radiofrequência (RF):

Princípio: As antenas captam as ondas de radiofrequência do ambiente e os rectificadores convertem-nas em energia eléctrica.

Aplicações: Recolha de energia RF para redes de sensores sem fios, sistemas RFID (identificação por radiofrequência) passivos e dispositivos alimentados por RF no ambiente.

Energia hidrocinética:

Princípio: Captação de energia da água corrente, dos rios ou das correntes oceânicas através de turbinas submarinas ou de outros mecanismos de captação de energia cinética.

Aplicações: Geração de energia das marés e das correntes fluviais, recolha de energia cinética submarina e plataformas de sensores remotos em massas de água.

Impacto mecânico ou pressão:

Princípio: Os materiais piezoeléctricos podem gerar carga eléctrica em resposta a um impacto mecânico ou pressão.

Aplicações: Captação de energia a partir de passos em pavimentos inteligentes, captação de energia baseada na pressão em ambientes industriais e materiais piezoeléctricos em sensores tácteis.

Vibrações ambientais:

Princípio: Utilização de vibrações ambientais causadas por factores naturais como o vento, actividades sísmicas ou movimento de veículos.

Aplicações: Sistemas de monitorização do estado das estruturas, captação de energia a partir de vibrações em pontes ou edifícios e captação de energia sísmica.

Bioenergia:

Princípio: Captação de energia a partir de fontes biológicas, como as células de combustível microbianas que convertem matéria orgânica em eletricidade.

Aplicações: Recolha de bioenergia para monitorização ambiental remota, células de combustível microbianas no tratamento de águas residuais e energia proveniente de processos biológicos.

Compreender as características, as vantagens e as limitações de cada fonte de energia suscetível de ser recolhida é essencial para a conceção de sistemas eficazes de recolha de energia. A seleção da fonte adequada depende de factores como os requisitos da aplicação, a localização geográfica e a disponibilidade de condições ambientais específicas.

2.3 Mecanismos de conversão

Os mecanismos de conversão nos sistemas de captação de energia desempenham um papel crucial na transformação de várias formas de energia ambiente em energia eléctrica utilizável. A compreensão destes mecanismos é fundamental para a conceção de tecnologias de captação de energia eficientes e eficazes. Vamos explorar os principais mecanismos de conversão associados a diferentes fontes de energia:

Conversão fotovoltaica (energia solar):

Princípio: As células fotovoltaicas, vulgarmente conhecidas como células solares, convertem a luz solar em eletricidade através do efeito fotovoltaico. Quando os fotões da luz solar atingem materiais semicondutores (por exemplo, silício), libertam electrões, gerando uma corrente eléctrica.

Aplicações: Painéis solares para produção de eletricidade residencial e industrial, carregadores solares portáteis e dispositivos electrónicos alimentados por energia solar.

Conversão piezoeléctrica (vibrações mecânicas, pressão, impacto mecânico):

Princípio: Os materiais piezoeléctricos exibem o efeito piezoelétrico, em que a tensão mecânica induz uma separação de cargas. Na captação de energia, as vibrações mecânicas, a pressão ou o impacto causam deformações nestes materiais, gerando um potencial elétrico.

Aplicações: Geradores piezoeléctricos em calçado para recolha de energia em vestuário, captação de energia com base na pressão em ambientes industriais e recolha de energia a partir de vibrações mecânicas.

Conversão termoeléctrica (gradientes térmicos):

Princípio: Os materiais termoeléctricos convertem as diferenças de temperatura em energia eléctrica através do efeito Seebeck. Quando existe um gradiente de temperatura através do material, este induz o fluxo de corrente eléctrica.

Aplicações: Recuperação de calor residual em processos industriais, geradores termoeléctricos para alimentar sensores e captação de energia a partir de diferenças de temperatura em dispositivos electrónicos.

Indução electromagnética (movimento mecânico, campos magnéticos):

Princípio: Baseado na lei de Faraday, em que um campo magnético variável induz uma força eletromotriz (FEM) numa bobina de fio. O movimento mecânico ou as alterações nos campos magnéticos são utilizados para induzir este efeito.

Aplicações: Geradores em centrais eléctricas convencionais, indução electromagnética em dínamos de bicicleta e captação de energia a partir de movimentos mecânicos.

Nanogeração Triboeléctrica (Fricção, Contacto de Superfície):

Princípio: Os materiais triboeléctricos geram carga eléctrica através do efeito triboelétrico quando dois materiais entram em contacto e depois se separam, causando fricção. Este efeito é reforçado à nanoescala.

Aplicações: Nanogeradores triboeléctricos para a captação de energia dos movimentos do corpo, ecrãs tácteis e vibrações mecânicas.

Indução eletrostática (captação de energia capacitiva):

Princípio: Recolha de energia com base em alterações na capacitância. Quando a distância entre as placas capacitivas muda devido ao movimento mecânico, induz uma alteração na capacitância, gerando energia eléctrica.

Aplicações: Captação de energia capacitiva em sistemas micro-electromecânicos (MEMS), sensores tácteis e aplicações em que é necessária a captação de energia em pequena escala.

A compreensão destes mecanismos de conversão é crucial para adaptar os sistemas de captação de energia a aplicações e condições ambientais específicas. A eficiência e a eficácia destes mecanismos dependem de factores como as propriedades dos materiais, as considerações de conceção e as características da fonte de energia ambiente.

2.4 Gestão de energia e armazenamento

A gestão e o armazenamento eficientes da energia são componentes integrais dos sistemas de captação de energia, garantindo que a energia captada é optimizada, armazenada e fornecida de forma eficaz para satisfazer as necessidades de energia das aplicações. Esta secção explora os principais aspectos da gestão e armazenamento de energia no contexto da captação de energia.

Circuito de gestão de energia:

Os circuitos de gestão de energia são essenciais para regular a energia eléctrica gerada pelo sistema de captação de energia. Estes circuitos optimizam os níveis de tensão, gerem as flutuações e asseguram uma fonte de alimentação estável e fiável. Os componentes de um circuito de gestão de energia incluem:

Rectificadores: Convertem a corrente alternada (CA) gerada por algumas fontes de captação de energia em corrente contínua (CC) para compatibilidade com dispositivos electrónicos.

Reguladores de tensão: Estabilizam a tensão de saída para satisfazer os requisitos de aplicações específicas, evitando danos nos dispositivos ligados.

Seguimento do ponto de potência máxima (MPPT): Optimiza o funcionamento das células fotovoltaicas, ajustando o ponto de funcionamento elétrico para maximizar a produção de energia.

Controlador de recolha de energia: Monitoriza e gere o processo de captação de energia, tomando decisões com base nas condições em tempo real para maximizar a eficiência.

Armazenamento de energia:

O armazenamento de energia é crucial para resolver o problema da natureza intermitente de muitas fontes de energia ambiente. Permite que a energia colhida seja armazenada durante os períodos de excesso e libertada quando necessário. Os dispositivos comuns de armazenamento de energia em sistemas de captação de energia incluem:

Baterias: As baterias recarregáveis, como as de iões de lítio ou de hidreto metálico de níquel, armazenam a energia recolhida para utilização posterior. Proporcionam uma fonte de alimentação estável e fiável, mas têm um tempo de vida limitado.

Supercapacitores: Estes dispositivos armazenam energia através da separação eletrostática de cargas, oferecendo capacidades de carga e descarga rápidas. Os supercondensadores são adequados para aplicações que requerem explosões rápidas de energia.

Sistemas de armazenamento híbrido: Combinação de baterias com supercapacitores ou outras tecnologias de armazenamento para alcançar um equilíbrio entre densidade de energia, densidade de potência e vida útil.

Armazenamento de energia em película fina: As tecnologias emergentes, como as baterias de película fina, oferecem opções de armazenamento compactas e leves, adequadas para aplicações flexíveis e de pequena escala.

Integração colheita-armazenamento:

A integração eficiente dos componentes de recolha e armazenamento de energia é fundamental. O sistema deve equilibrar as diferentes taxas de produção e consumo de energia, garantindo um fornecimento contínuo de energia. Os algoritmos inteligentes de gestão de energia e os sistemas de controlo desempenham um papel vital na orquestração da interação perfeita entre os elementos de captação e armazenamento.

Desafios e considerações:

Perdas de energia: Os circuitos de gestão de energia e os dispositivos de armazenamento de energia introduzem inerentemente algum nível de perda de energia. A otimização da eficiência destes componentes é crucial para maximizar o desempenho global do sistema.

Vida útil e fiabilidade: O tempo de vida das baterias e de outros dispositivos de armazenamento é uma consideração crítica. A conceção de sistemas que equilibrem as necessidades de armazenamento de energia com a durabilidade dos componentes de armazenamento é essencial para a fiabilidade a longo prazo.

Considerações sobre a temperatura: Os dispositivos de armazenamento de energia são frequentemente sensíveis a variações de temperatura. É necessária uma gestão térmica adequada para manter um desempenho ótimo e prolongar a vida útil dos componentes de armazenamento.

Procura dinâmica de energia: A correspondência entre a procura dinâmica de energia das aplicações e a natureza intermitente das fontes de captação de energia exige sistemas de controlo inteligentes e algoritmos adaptativos.

2.5 Eficiência e otimização

A eficiência e a otimização são fundamentais nos sistemas de captação de energia para garantir a conversão e utilização eficazes da energia ambiente. Esta secção explora as principais considerações para aumentar a eficiência e otimizar os sistemas de captação de energia.

Considerações sobre a eficiência:

Eficiência do transdutor: A eficiência do transdutor, responsável pela conversão da energia ambiente em energia eléctrica, é crucial. Diferentes transdutores, tais como células fotovoltaicas, materiais piezoeléctricos e módulos termoeléctricos, têm características de eficiência variáveis.

Eficiência da gestão de energia: Os componentes do circuito de gestão de energia, incluindo rectificadores, reguladores de tensão e sistemas de seguimento do ponto de potência máxima (MPPT), contribuem para a eficiência global do sistema. Minimizar as perdas de energia nestes componentes é essencial.

Eficiência de armazenamento: Os dispositivos de armazenamento de energia, como as baterias ou os supercapacitores, têm eficiências de carga e descarga que afectam o processo global de armazenamento de energia. A escolha de tecnologias de armazenamento adequadas e a otimização dos ciclos de carga e descarga são fundamentais.

Eficiência da aplicação: A eficiência da aplicação ou carga que utiliza a energia recolhida é uma consideração fundamental. A conceção de dispositivos e sistemas electrónicos energeticamente eficientes garante que a energia recolhida é efetivamente utilizada.

Estratégias de otimização:

Adequação da fonte de colheita à aplicação: É crucial selecionar a fonte de energia colhível mais adequada com base nos requisitos específicos da aplicação. Fontes diferentes têm características distintas, e a otimização envolve o alinhamento da fonte com as necessidades energéticas da aplicação.

Sistemas de controlo adaptativos: A implementação de sistemas de controlo adaptativos que ajustam dinamicamente os parâmetros com base em condições em tempo real pode otimizar o desempenho dos sistemas de captação de energia. Isto inclui o ajuste das taxas de recolha, dos parâmetros de armazenamento e do fornecimento de energia com base nas alterações ambientais.

Colheita de energia Colheitadeiras: Utilização de tecnologias avançadas de recolha que aumentem a eficiência, como a otimização da conceção de células fotovoltaicas, o melhoramento de materiais piezoeléctricos ou a utilização de novos materiais termoeléctricos.

Seguimento do ponto de potência máxima (MPPT): Utilização de algoritmos MPPT em sistemas de captação de energia fotovoltaica para garantir que as células solares funcionem com a sua potência máxima, especialmente em condições de iluminação variáveis.

Gestão do armazenamento de energia: Implementação de estratégias inteligentes de gestão do armazenamento de energia, incluindo ciclos óptimos de carga e descarga, para prolongar a vida útil dos dispositivos de armazenamento e minimizar as perdas de energia.

Eletrónica de baixo consumo: Conceber e utilizar componentes electrónicos de baixo consumo para a aplicação ajuda a minimizar o consumo global de energia e a maximizar a utilização da energia recolhida.

Considerações ambientais: Ter em conta factores ambientais, como variações sazonais ou alterações nas condições de funcionamento, ao otimizar os sistemas de captação de energia para se adaptarem a diferentes cenários.

Compromissos e desafios:

A otimização da eficiência envolve frequentemente compromissos entre factores como a densidade de energia, a densidade de potência, a complexidade do sistema e o custo. Para atingir o equilíbrio correto, é necessário considerar cuidadosamente os requisitos e restrições específicos da aplicação.

Monitorização e manutenção contínuas:

A monitorização e manutenção periódicas são essenciais para garantir a eficiência contínua dos sistemas de captação de energia. Isto inclui a verificação do estado dos transdutores, a monitorização do estado dos dispositivos de armazenamento de energia e a atualização dos algoritmos de controlo, conforme necessário.

A eficiência e as estratégias de otimização estão no centro da conceção de sistemas de captação de energia que satisfaçam as exigências de diversas aplicações.

Capítulo 3: Tecnologias de captação de energia

3.1 Captação de energia fotovoltaica

A captação de energia fotovoltaica (PV) é uma tecnologia amplamente adoptada que converte a luz solar em energia eléctrica através do efeito fotovoltaico. Esta secção explora os princípios, tecnologias e aplicações da captação de energia fotovoltaica.

Princípios da captação de energia fotovoltaica:

Efeito fotovoltaico: As células fotovoltaicas são dispositivos semicondutores que geram uma corrente eléctrica quando expostos à luz solar. O efeito fotovoltaico ocorre quando os fotões da luz solar atingem o material semicondutor (como o silício) e libertam electrões, criando uma corrente eléctrica.

Material semicondutor: A escolha do material semicondutor é fundamental para uma conversão eficiente da energia. O silício é o material mais utilizado nas células fotovoltaicas comerciais, mas outros materiais, incluindo compostos de película fina, materiais orgânicos e perovskitas, estão também a ser explorados para melhorar o desempenho e a flexibilidade.

Tecnologias de células fotovoltaicas:

Células de silício cristalino:

As células de silício monocristalino e policristalino são tradicionais e amplamente utilizadas.

As células monocristalinas oferecem uma maior eficiência devido às estruturas cristalinas uniformes.

As células policristalinas são económicas, mas ligeiramente menos eficientes.

Células solares de película fina:

Utilizar camadas finas de materiais semicondutores (silício amorfo, telureto de cádmio ou selenieto de cobre, índio e gálio) depositadas em substratos flexíveis.

Flexível e leve, permitindo aplicações em superfícies curvas ou eletrónica flexível.

Células fotovoltaicas orgânicas:

Utilizar materiais orgânicos (à base de carbono) como semicondutores.

Flexíveis e leves, são adequadas para aplicações em que as células solares rígidas tradicionais podem não ser práticas.

Células solares de perovskite:

Tecnologia emergente com um composto estruturado em perovskite como camada de absorção de luz.

A sua eficiência está a aumentar rapidamente, podendo constituir uma alternativa rentável às células solares tradicionais.

Aplicações da captação de energia fotovoltaica:

Painéis solares residenciais e comerciais:

Painéis fotovoltaicos nos telhados para a produção de eletricidade residencial e comercial.

Os sistemas ligados à rede alimentam a energia excedente de volta à rede eléctrica.

Carregadores solares portáteis:

Carregadores solares compactos e portáteis para carregar dispositivos electrónicos como smartphones, tablets e bancos de energia portáteis.

Iluminação pública solar:

Os candeeiros de rua alimentados a energia solar aproveitam a luz do sol durante o dia e iluminam as ruas à noite, reduzindo a dependência da rede eléctrica.

Bombagem de água com energia solar:

As aplicações agrícolas e rurais utilizam a energia solar para alimentar sistemas de bombagem de água para irrigação e abastecimento de água.

Aplicações espaciais:

Painéis solares em satélites e naves espaciais para gerar energia em ambientes espaciais.

Soluções de energia fora da rede:

Locais remotos e fora da rede utilizam sistemas fotovoltaicos para gerar eletricidade em locais onde a infraestrutura eléctrica tradicional não está disponível.

Avanços e desafios:

Avanços:

Aumentar a eficiência através de materiais e processos de fabrico melhorados.

Integração com soluções de armazenamento de energia para fornecimento contínuo de energia.

Exploração de células solares flexíveis e transparentes para aplicações versáteis.

Desafios:

Considerações sobre o armazenamento de energia para períodos de pouca luz solar.

Impacto ambiental do fabrico e eliminação de painéis solares.

A necessidade de investigação contínua para aumentar a eficiência e reduzir os custos.

A captação de energia fotovoltaica tornou-se uma tecnologia comum e fiável para gerar eletricidade a partir da luz solar. A investigação em curso e os avanços tecnológicos continuam a melhorar a eficiência, a expandir as aplicações e a enfrentar os desafios associados a esta versátil abordagem de captação de energia.

3.2 Captação de energia piezoeléctrica

A captação de energia piezoeléctrica envolve a conversão de vibrações ou deformações mecânicas em energia eléctrica utilizando materiais que exibem o efeito piezoelétrico. Esta secção explora os princípios, tecnologias e aplicações da captação de energia piezoeléctrica.

Princípios da captação de energia piezoeléctrica:

Efeito Piezoelétrico: Certos materiais, como cristais ou cerâmicas (por exemplo, titanato de zirconato de chumbo ou PZT), exibem o efeito piezoelétrico. Quando sujeitos a tensão mecânica ou vibrações, estes materiais geram uma carga eléctrica.

Deformação mecânica: As vibrações mecânicas ou deformações em materiais piezoeléctricos provocam a alteração da estrutura cristalina, resultando na separação de cargas positivas e negativas, criando assim um potencial elétrico.

Tecnologias de captação de energia piezoeléctrica:

Transdutores Piezoeléctricos:

Utilizar materiais piezoeléctricos para converter energia mecânica em energia eléctrica.

Os transdutores podem assumir várias formas, incluindo cantilevers, vigas ou materiais flexíveis.

Módulos de captação de energia:

Conjuntos de múltiplos transdutores piezoeléctricos concebidos para aplicações específicas.

Pode ser integrado em estruturas ou dispositivos para captar as vibrações ambientais.

Dispositivos accionados por vibração:

Dispositivos com elementos piezoeléctricos incorporados para aproveitar as vibrações do ambiente.

As aplicações incluem dispositivos portáteis, sensores e sistemas de monitorização industrial.

Geradores Piezoeléctricos:

Dispositivos concebidos para gerar energia eléctrica a partir de fontes mecânicas específicas, como passos, vibrações de veículos ou vibrações de máquinas.

Aplicações da captação de energia piezoeléctrica:

Recolha de energia em vestuário:

Materiais piezoeléctricos integrados no vestuário, calçado ou acessórios para captar a energia dos movimentos do corpo.

Alimentação de aparelhos electrónicos portáteis, dispositivos de monitorização da saúde e têxteis inteligentes.

Monitorização e sensores industriais:

Incorporação de transdutores piezoeléctricos em estruturas ou máquinas para monitorizar as vibrações e captar energia para alimentar sensores.

Monitorização do estado de saúde estrutural, manutenção preditiva e automação industrial.

Recolha de energia dos passos:

Elementos piezoeléctricos integrados em pavimentos ou passadeiras para captar a energia dos passos.

Aplicações em zonas de tráfego intenso, edifícios inteligentes e passagens pedonais.

Redes de sensores sem fios:

Alimentação de pequenos sensores sem fios em locais remotos ou inacessíveis onde as fontes de energia tradicionais são impraticáveis.

Monitorização ambiental, agricultura e deteção de infra-estruturas.

Recolha de energia no sector automóvel:

Captação de vibrações e movimentos em veículos para gerar energia eléctrica para sensores e eletrónica de baixo consumo.

Sistemas de controlo da pressão dos pneus, controlo do estado do motor e controlo do estado do veículo.

Avanços e desafios:

Avanços:

Desenvolvimento de materiais piezoeléctricos flexíveis e leves para aplicações versáteis.

Integração da captação de energia piezoeléctrica em materiais e estruturas inteligentes.

Exploração de nanogeradores para a captação de energia à nanoescala.

Desafios:

Potência de saída limitada em comparação com outras tecnologias de captação de energia.

Combinar a frequência de ressonância do material piezoelétrico com as vibrações do ambiente para uma captação óptima de energia.

Factores ambientais que afectam o desempenho, como a temperatura e a humidade.

A captação de energia piezoeléctrica oferece uma abordagem única e promissora para a captação de energia de fontes mecânicas em vários ambientes. A investigação em curso visa melhorar a eficiência, a escalabilidade e a aplicabilidade desta tecnologia para uma gama crescente de utilizações práticas.

3.3 Captação de energia termoeléctrica

A captação de energia termoeléctrica envolve a conversão de diferenças de temperatura em energia eléctrica utilizando materiais com propriedades termoeléctricas. Esta secção explora os princípios, tecnologias e aplicações da captação de energia termoeléctrica.

Princípios da captação de energia termoeléctrica:

Efeito Seebeck: O efeito Seebeck é o princípio fundamental da captação de energia termoeléctrica. Ocorre quando um gradiente de temperatura é aplicado através de um material termoelétrico, levando à geração de um potencial elétrico.

Materiais termoeléctricos: Os materiais com um coeficiente Seebeck elevado são adequados para a captação de energia termoeléctrica. Os materiais mais comuns incluem o telureto de bismuto (Bi2Te3) e o telureto de chumbo (PbTe).

Tecnologias de captação de energia termoeléctrica:

Geradores termoeléctricos:

Módulos termoeléctricos compostos por materiais termoeléctricos do tipo p e do tipo n ligados em série.

O gradiente de temperatura através do módulo induz uma corrente eléctrica através do efeito Seebeck.

Sistemas de recuperação de calor residual:

Aplicações em processos industriais ou sistemas automóveis para recuperar o calor residual e convertê-lo em energia eléctrica.

Melhorar a eficiência energética global e reduzir o impacto ambiental.

Dispositivos termoeléctricos para vestir:

Integração de módulos termoeléctricos em dispositivos portáteis para captar o calor do corpo.

Alimentação de aparelhos electrónicos portáteis, dispositivos de monitorização da saúde e têxteis inteligentes.

Geração remota de energia:

Geradores termoeléctricos em locais remotos ou áreas fora da rede onde as fontes de energia convencionais não estão disponíveis.

Alimentação de sensores, dispositivos de comunicação e eletrónica de baixo consumo.

Aplicações da captação de energia termoeléctrica:

Recolha de energia no sector automóvel:

Recuperação do calor residual dos sistemas de escape para gerar energia eléctrica adicional.

Melhorar a eficiência do combustível e reduzir o impacto ambiental.

Monitorização de processos industriais:

Integração de geradores termoeléctricos em máquinas ou equipamentos para captar o calor residual e alimentar sensores.

Monitorização em tempo real, manutenção preditiva e melhorias na eficiência energética.

Redes de sensores sem fios:

Utilização da captação de energia termoeléctrica para alimentar sensores em ambientes remotos ou adversos.

Aplicações na agricultura, monitorização ambiental e gestão de infra-estruturas.

Exploração espacial:

Geradores termoeléctricos utilizados em sondas espaciais e rovers para converter em energia eléctrica o calor proveniente do decaimento radioativo ou de outras fontes.

Possibilitar missões de longa duração no espaço.

Eletrónica pessoal:

Módulos termoeléctricos integrados em dispositivos electrónicos, como smartphones ou aparelhos portáteis, para prolongar a duração da bateria.

Recolha de diferenças de temperatura ambiente para fornecimento contínuo de energia.

Avanços e desafios:

Avanços:

Desenvolvimento de materiais termoeléctricos de elevado desempenho para melhorar a eficiência.

Miniaturização dos módulos termoeléctricos para uma maior flexibilidade e versatilidade.

Integração com outras tecnologias de captação de energia para sistemas híbridos.

Desafios:

Eficiência limitada em comparação com as fontes de energia tradicionais para determinadas aplicações.

Considerações sobre custos e disponibilidade de materiais para materiais termoeléctricos de elevado desempenho.

Desafios de conceção para otimizar simultaneamente a condutividade térmica e a condutividade eléctrica.

A captação de energia termoeléctrica constitui uma solução valiosa para converter o calor residual em energia eléctrica útil. A investigação em curso visa enfrentar os desafios e melhorar a eficiência dos sistemas termoeléctricos para uma gama mais vasta de aplicações.

3.4 Indução electromagnética

A indução electromagnética é um método de geração de energia eléctrica que utiliza o princípio da lei de Faraday. Esta secção explora os princípios, tecnologias e aplicações da indução electromagnética para a captação de energia.

Princípios da indução electromagnética:

Lei de Faraday: A indução de uma força eletromotriz (EMF) numa bobina de fio quando o campo magnético à sua volta muda. Este fenómeno constitui a base da indução electromagnética.

Alteração do fluxo magnético: Para induzir CEM, deve haver um movimento relativo ou uma mudança no campo magnético em relação à bobina. Isto pode ocorrer através de movimento mecânico, rotação ou alterações nos campos magnéticos.

Tecnologias de captação de energia por indução electromagnética:

Geradores electromagnéticos:

Utilizar uma bobina de fio e um íman ou um campo magnético para induzir uma corrente eléctrica.

O movimento mecânico, como a rotação ou a oscilação, provoca alterações no fluxo magnético, levando à produção de energia eléctrica.

Dispositivos accionados por vibração:

Dispositivos com geradores electromagnéticos incorporados para captar energia de vibrações mecânicas.

As aplicações incluem sensores, produtos portáteis e sistemas de monitorização industrial.

Colheita de energia RF:

As antenas captam os sinais de radiofrequência (RF) do ambiente e os rectificadores convertem-nos em eletricidade de corrente contínua (DC).

Utilizado em redes de sensores sem fios, sistemas RFID e outras aplicações com fontes de RF ambiente.

Recolha de movimentos humanos:

Dispositivos vestíveis ou vestuário com geradores electromagnéticos incorporados para captar a energia do movimento humano.

Alimentação de aparelhos electrónicos portáteis, dispositivos de monitorização da saúde e têxteis inteligentes.

Aplicações da captação de energia por indução electromagnética:

Redes de sensores sem fios:

Recolha de energia RF para alimentar pequenos sensores sem fios em locais remotos ou inacessíveis.

Aplicações em monitorização ambiental, agricultura e deteção de infra-estruturas.

Dispositivos movidos a energia humana:

Recolha de energia do movimento humano para dispositivos portáteis auto-alimentados.

Aplicações em rastreadores de fitness, vestuário inteligente e acessórios electrónicos.

Monitorização industrial:

Dispositivos alimentados por vibrações para monitorizar equipamentos ou máquinas em ambientes industriais.

Manutenção preditiva, monitorização de condições e soluções energeticamente eficientes.

Sistemas RFID:

Recolha de energia RF para sistemas RFID passivos, eliminando a necessidade de baterias nas etiquetas RFID.

Fornecimento de energia a etiquetas RFID em logística, gestão de inventário e localização de activos.

Recolha de energia a partir de movimentos de rotação:

Dispositivos que captam energia de movimentos rotativos, como máquinas rotativas ou objectos em rotação.

Aplicações em ambientes industriais, transportes e sistemas de energia renovável.

Avanços e desafios:
Avanços:

Miniaturização de geradores electromagnéticos para integração em pequenos dispositivos.

Otimização de sistemas de captação de energia RF para aumentar a eficiência.

Desenvolvimento de materiais e projectos avançados para melhorar o desempenho.

Desafios:

Potência de saída limitada em comparação com outras tecnologias de captação de energia.

Desafios de eficiência na conversão de vibrações ambientais ou sinais RF em energia eléctrica utilizável.

Considerações de conceção para equilibrar o tamanho, o peso e a potência de saída para aplicações específicas.

A indução electromagnética constitui um método versátil de recolha de energia, captando energia de movimentos mecânicos, actividades humanas e sinais RF do ambiente.

3.5 Nanogeradores triboeléctricos

Os nanogeradores triboeléctricos (TENGs) são dispositivos que convertem energia mecânica, frequentemente proveniente de fricção ou movimento relativo, em energia eléctrica através do efeito triboelétrico. Esta secção explora os princípios, tecnologias e aplicações dos nanogeradores triboeléctricos para a captação de energia.

Princípios dos nanogeradores triboeléctricos:

Efeito Triboelétrico: O efeito triboelétrico baseia-se na geração de cargas eléctricas através do contacto e separação de materiais com diferentes afinidades electrónicas. Quando determinados materiais entram em contacto e depois se separam, é criado um potencial elétrico.

Movimento relativo: As TENGs envolvem normalmente materiais com diferentes propriedades triboeléctricas que geram cargas eléctricas quando em contacto e se separam devido a movimento mecânico, vibração ou forças externas.

Tecnologias de nanogeradores triboeléctricos:

TENGs de uma e várias camadas:

As TENGs de camada única envolvem um par de materiais, enquanto as TENGs multicamadas utilizam várias camadas para aumentar a potência de saída.

São normalmente utilizados materiais com propriedades triboeléctricas contrastantes (por exemplo, polímeros e metais).

TENGs rotativos:

Envolve uma estrutura rotativa em que os materiais entram em contacto e se separam durante a rotação, gerando cargas eléctricas.

Aplicações na recolha de energia a partir de movimentos de rotação ou de rotações induzidas pelo vento.

RTEGs verticais:

Configurações verticais em que uma camada se move verticalmente contra outra para gerar eletricidade.

Adequado para aplicações que envolvam movimentos verticais ou vibrações.

TENGs flexíveis e vestíveis:

Integração das RTEG em dispositivos flexíveis e portáteis para captar a energia dos movimentos do corpo.

As aplicações incluem eletrónica flexível, vestuário inteligente e sensores portáteis.

Aplicações de nanogeradores triboeléctricos:

Recolha de energia em vestuário:

Integração no vestuário, calçado ou acessórios para captar a energia dos movimentos do corpo.

Alimentação de aparelhos electrónicos portáteis, dispositivos de monitorização da saúde e têxteis inteligentes.

Sensores auto-alimentados:

TENGs integradas em sensores para autossuficiência energética.

Aplicações em monitorização ambiental, monitorização da saúde estrutural e dispositivos IoT.

Interfaces Homem-Máquina:

TENGs incorporadas em superfícies ou botões sensíveis ao toque para interfaces auto-alimentadas.

Utilizado em eletrónica de consumo, ecrãs tácteis e dispositivos interactivos.

Redes de sensores sem fios:

Alimentação de pequenos sensores sem fios em locais remotos ou inacessíveis.

Aplicações na agricultura, monitorização ambiental e deteção industrial.

Colheita de energia rotacional:

RTEGs rotativas para a captação de energia a partir de movimentos de rotação, como as rotações induzidas pelo vento.

Adequado para aplicações de energias renováveis e produção de energia à distância.

Avanços e desafios:

Avanços:

Desenvolvimento de TENGs flexíveis e extensíveis para aplicações versáteis.

Melhoria dos materiais e da conceção para aumentar a potência e a eficiência.

Integração das TENGs com outras tecnologias de captação de energia para sistemas híbridos.

Desafios:

Assegurar a durabilidade e estabilidade a longo prazo das RTEG em várias condições ambientais.

Abordar a variabilidade do desempenho devido a factores como a humidade e a temperatura.

Conceção de RTEGs para aplicações específicas tendo em conta os condicionalismos mecânicos.

Os nanogeradores triboeléctricos oferecem uma abordagem única para a captação de energia, particularmente em aplicações em que prevalece o movimento mecânico ou a fricção induzida pelo contacto.

3.6 Colheita de bioenergia

A recolha de bioenergia envolve a conversão de processos biológicos ou materiais orgânicos em energia eléctrica. Esta secção explora os princípios, tecnologias e aplicações da recolha de bioenergia para a produção de energia sustentável e autossuficiente.

Princípios da colheita de bioenergia:

Processos biológicos: A recolha de bioenergia aproveita os processos biológicos naturais, como a atividade microbiana, as reacções enzimáticas ou os processos metabólicos, para gerar energia eléctrica.

Materiais orgânicos: Os materiais orgânicos, incluindo organismos vivos ou materiais biocompatíveis, são utilizados para captar e converter a energia de fontes biológicas em energia eléctrica utilizável.

Tecnologias de colheita de bioenergia:

Células de combustível microbianas (MFCs):

As MFCs utilizam a atividade metabólica das bactérias para produzir corrente eléctrica através da oxidação da matéria orgânica.

As aplicações incluem o tratamento de águas residuais, a monitorização ambiental e a produção de energia à distância.

Células de biocombustível enzimático:

As enzimas catalisam a oxidação de substratos, gerando electrões que contribuem para a energia eléctrica.

Adequado para aplicações em que podem ser aproveitadas reacções enzimáticas específicas.

Recolha de energia fotossintética:

Sistemas bio-híbridos que integram organismos vivos, como algas ou células vegetais, para captar a energia solar e convertê-la em energia eléctrica.

Aplicações na produção de energia sustentável e na monitorização ambiental.

Dispositivos biológicos movidos a energia humana:

Integração de processos biológicos em dispositivos portáteis ou implantáveis para aproveitar a energia dos processos fisiológicos.

Os exemplos incluem células de biocombustível que utilizam glucose ou lactato dos fluidos corporais.

Aplicações da colheita de bioenergia:

Tratamento de águas residuais e monitorização ambiental:

MFCs aplicados em estações de tratamento de águas residuais para gerar eletricidade a partir da atividade microbiana.

Colheita de bioenergia para monitorização de parâmetros ambientais em ecossistemas naturais.

Dispositivos biomédicos:

Dispositivos implantáveis ou portáteis alimentados pela recolha de bioenergia de processos fisiológicos.

Aplicações potenciais em implantes médicos, biossensores e dispositivos de monitorização da saúde.

Geração remota de energia:

Colheita de bioenergia em locais remotos ou fora da rede, onde as fontes de energia tradicionais são limitadas.

Fonte de alimentação sustentável para sensores, dispositivos de comunicação e eletrónica de baixo consumo.

Agricultura sustentável:

Integração da colheita de bioenergia nas práticas agrícolas para a produção sustentável de eletricidade.

Aplicações na agricultura de precisão, redes de sensores e sistemas de monitorização.

Avanços e desafios:

Avanços:

Otimização de estirpes microbianas e sistemas enzimáticos para uma melhor produção de bioenergia.

Desenvolvimento de sistemas biohíbridos com maior eficiência e estabilidade.

Integração da colheita de bioenergia em diversas aplicações para um impacto no mundo real.

Desafios:

Potência de saída limitada em comparação com outras tecnologias de captação de energia.

Manutenção da atividade biológica e da estabilidade durante períodos prolongados.

Considerações éticas e preocupações de segurança relacionadas com a utilização de organismos vivos na colheita de bioenergia.

A recolha de bioenergia representa uma via promissora para a produção de energia sustentável e ecológica.

3.7 Sistemas híbridos de captação de energia

Os sistemas híbridos de captação de energia combinam várias tecnologias de captação de energia para potenciar os pontos fortes de cada componente, obtendo um melhor desempenho e fiabilidade globais. Esta secção explora os princípios, tecnologias e aplicações dos sistemas híbridos de captação de energia.

Princípios da captação de energia híbrida:

Combinação sinérgica: Os sistemas híbridos integram duas ou mais tecnologias de captação de energia, como a fotovoltaica, a piezoeléctrica, a termoeléctrica ou outras, para se complementarem e melhorarem a captação global de energia.

Produção óptima de energia: Ao combinar tecnologias com características diferentes, os sistemas híbridos têm como objetivo recolher energia de diversas fontes, maximizando a produção de energia em condições ambientais variáveis.

Tecnologias de sistemas híbridos de captação de energia:

Sistemas híbridos fotovoltaicos-piezoeléctricos:

Combinação de células solares (fotovoltaicas) com materiais piezoeléctricos para captar a energia da luz solar e das vibrações mecânicas.

Adequado para aplicações onde a luz e o movimento são predominantes.

Sistemas híbridos termoeléctricos-piezoeléctricos:

Integração de módulos termoeléctricos com materiais piezoeléctricos para captar energia de gradientes de temperatura e vibrações mecânicas.

Aplicações em ambientes com variações de temperatura e movimentos mecânicos.

Sistemas híbridos solar-eólicos:

Combinação de painéis solares com pequenas turbinas eólicas para captar energia da luz solar e do vento.

Adequado para locais remotos ou fora da rede com condições climatéricas variáveis.

Sistemas híbridos triboeléctricos-piezoeléctricos:

Integração de nanogeradores triboeléctricos com materiais piezoeléctricos para captar energia de fricção e vibrações mecânicas.

Aplicações em dispositivos portáteis e em eletrónica movida a energia humana.

Aplicações de sistemas híbridos de captação de energia:

Eletrónica vestível:

Sistemas híbridos para dispositivos portáteis que captam energia do movimento do corpo (piezoeléctrica) e da luz ambiente (fotovoltaica).

Melhorar a autonomia dos smartwatches, dos rastreadores de fitness e de outros dispositivos portáteis.

Redes de sensores remotos:

Utilização de sistemas híbridos em redes de sensores remotos para um fornecimento de energia mais fiável e contínuo.

Aplicações em monitorização ambiental, agricultura e deteção industrial.

Dispositivos IoT autónomos:

Recolha híbrida de energia para dispositivos autónomos da Internet das Coisas (IoT) que funcionam em diversos ambientes.

Melhorar a sustentabilidade das aplicações para cidades inteligentes, monitorização de infra-estruturas e agricultura inteligente.

Sistemas de construção energeticamente eficientes:

Implementação de sistemas híbridos na automação de edifícios para a captação de energia da exposição solar e das vibrações do edifício.

Aumentar a eficiência dos sistemas de edifícios inteligentes e reduzir a dependência de fontes de energia externas.

Avanços e desafios:

Avanços:

Desenvolvimento de materiais e projectos avançados para uma melhor compatibilidade e sinergia entre diferentes tecnologias de captação de energia.

Otimização de sistemas de controlo e gestão para equilibrar a recolha de energia de múltiplas fontes.

Desafios:

Integração e sincronização de diversos componentes de recolha de energia de uma forma contínua e eficiente.

Resolução de potenciais conflitos ou interferências entre diferentes tecnologias no âmbito do sistema híbrido.

Garantir a relação custo-eficácia e a escalabilidade na conceção de sistemas híbridos para aplicações práticas.

Os sistemas híbridos de captação de energia representam uma fronteira na produção sustentável de energia, oferecendo o potencial para ultrapassar as limitações associadas às tecnologias individuais

Capítulo 4: Aplicações da captação de energia

4.1 Redes de sensores sem fios

As redes de sensores sem fios (RSSF) desempenham um papel crucial em vários domínios, permitindo a monitorização remota e a recolha de dados. As tecnologias de captação de energia proporcionam uma fonte de energia sustentável e autónoma para estas redes, respondendo aos desafios associados aos sistemas convencionais alimentados por baterias. Esta secção explora as aplicações da captação de energia, em particular no contexto das redes de sensores sem fios.

4.1.1 Visão geral das redes de sensores sem fios:

As redes de sensores sem fios são constituídas por sensores interligados que comunicam sem fios para recolher e transmitir dados do ambiente monitorizado. Estas redes encontram aplicações em diversos domínios, incluindo a monitorização ambiental, a automação industrial, os cuidados de saúde e as cidades inteligentes.

4.1.2 Desafios das fontes de energia convencionais:

Os nós de sensores tradicionais alimentados por baterias enfrentam desafios como o tempo de vida limitado, os requisitos de manutenção e o impacto ambiental. A recolha de energia oferece uma abordagem alternativa, aproveitando a energia ambiente para alimentar os sensores, garantindo um funcionamento contínuo e reduzindo a necessidade de substituição frequente das baterias.

4.1.3 Tecnologias de captação de energia em RSSFs:

Colheita de energia fotovoltaica:

Os painéis solares captam a luz solar para gerar energia eléctrica para os nós sensores.

Aplicações na monitorização ambiental exterior, agricultura de precisão e edifícios inteligentes.

Captação de energia piezoeléctrica:

Recolhe as vibrações ou movimentos mecânicos para gerar energia eléctrica.

Implementado em ambientes industriais para monitorização do estado das máquinas, monitorização estrutural e sistemas de transporte.

Captação de energia termoeléctrica:

Converte os diferenciais de temperatura em energia eléctrica, adequada para aplicações com condições de temperatura variáveis.

Utilizado em locais remotos para monitorização ambiental e em processos industriais.

Indução electromagnética:

Capta energia de campos electromagnéticos ou vibrações ambientais.

Ideal para aplicações em ambientes urbanos, onde os sinais RF são predominantes.

Nanogeradores triboeléctricos:

Utiliza cargas induzidas por fricção para gerar energia, adequada para nós de sensores portáteis e alimentados por movimento humano.

Aplicações nos cuidados de saúde, monitorização da condição física e vestuário inteligente.

Colheita de bioenergia:

Aproveita processos biológicos ou materiais orgânicos para a produção de energia.

Aplicado na monitorização ambiental em ecossistemas naturais.

Sistemas híbridos de captação de energia:

Combina várias tecnologias de captação de energia para uma produção de energia melhorada e fiável.

Aplicações em deteção remota, agricultura inteligente e sistemas de construção adaptáveis.

4.1.4 Aplicações da colheita de energia em RSSFs:

Monitorização ambiental:

Os nós de sensores sem fios alimentados por tecnologias de recolha de energia monitorizam a qualidade do ar, as condições do solo e os padrões meteorológicos em terrenos remotos ou difíceis.

Agricultura de precisão:

Implantação de sensores de captação de energia em campos agrícolas para monitorizar a humidade do solo, a temperatura e a saúde das culturas.

Automação industrial:

Monitorização e controlo do estado das máquinas, das condições do equipamento e dos processos de produção em ambientes industriais utilizando sensores alimentados por energia.

Edifícios inteligentes:

As tecnologias de captação de energia alimentam sensores para monitorizar a ocupação, a iluminação e as condições ambientais em sistemas de edifícios inteligentes.

Cuidados de saúde e vestíveis:

Dispositivos vestíveis com capacidades de captação de energia para monitorizar os sinais vitais, a atividade física e proporcionar um acompanhamento contínuo da saúde.

Monitorização de infra-estruturas:

Implantação de sensores com capacidade de captação de energia para monitorização do estado estrutural de pontes, estradas e outras infra-estruturas críticas.

Cidades inteligentes:

Integrar a recolha de energia em nós sensores para monitorizar o tráfego, os níveis de poluição e melhorar a infraestrutura geral da cidade.

4.1.5 Vantagens e direcções futuras:

Autonomia e sustentabilidade:

As tecnologias de captação de energia permitem um funcionamento autónomo e sustentável, reduzindo a necessidade de manutenção frequente e de substituição de baterias.

Aplicações alargadas:

A integração da recolha de energia nas RSSF alarga as suas aplicações a ambientes difíceis e remotos, contribuindo para avanços em vários domínios.

Avanços tecnológicos:

A investigação em curso centra-se na melhoria da eficiência, escalabilidade e versatilidade das tecnologias de captação de energia, tornando-as mais acessíveis e aplicáveis.

4.1.6 Desafios e considerações:

Disponibilidade de energia:

A variabilidade das fontes de energia ambiente pode colocar desafios, exigindo sistemas eficientes de armazenamento e gestão de energia.

Integração de sistemas:

Assegurar uma integração perfeita das tecnologias de captação de energia com os nós sensores e resolver os problemas de compatibilidade.

Custo e escalabilidade:

Equilibrar a relação custo-eficácia e a escalabilidade das soluções de captação de energia para uma adoção generalizada.

As redes de sensores sem fios alimentadas por tecnologias de captação de energia oferecem uma solução promissora para a recolha sustentável e autónoma de dados em diversas aplicações. À medida que os avanços continuam, espera-se que estas redes desempenhem um papel fundamental na definição do futuro da monitorização e da automatização em vários domínios.

4.2 Eletrónica vestível

A eletrónica vestível tornou-se parte integrante dos estilos de vida modernos, oferecendo uma gama de aplicações que vão desde a monitorização da saúde à comunicação. A integração de tecnologias de captação de energia em dispositivos vestíveis contribui para a sua autonomia e sustentabilidade. Esta secção explora as aplicações da captação de energia no domínio da eletrónica vestível.

4.2.1 Visão geral da eletrónica vestível:

A eletrónica vestível engloba dispositivos que são usados no corpo, muitas vezes equipados com sensores, módulos de comunicação e ecrãs. Estes dispositivos incluem smartwatches, rastreadores de fitness, óculos de realidade aumentada e vestuário inteligente.

4.2.2 Desafios das fontes de energia convencionais:

Os dispositivos portáteis tradicionais dependem normalmente de baterias recarregáveis, que colocam desafios como a duração limitada da bateria, a necessidade de carregamento frequente e preocupações ambientais relacionadas com a eliminação da bateria.

4.2.3 Tecnologias de captação de energia em produtos vestíveis:

Colheita de energia fotovoltaica:

As células solares integradas em dispositivos portáteis captam a luz solar para gerar energia eléctrica.

Aplicado em smartwatches, rastreadores de fitness e monitores de atividade ao ar livre.

Captação de energia piezoeléctrica:

Recolhe as vibrações e movimentos mecânicos durante o movimento do corpo para produzir energia eléctrica.

Utilizado em calçado, vestuário e acessórios para monitorização da saúde e controlo da atividade.

Nanogeradores triboeléctricos:

Utiliza as cargas induzidas pelo atrito geradas durante o movimento para alimentar os componentes electrónicos do vestuário.

Integrado no vestuário e nos acessórios para objectos portáteis auto-alimentados.

Indução electromagnética:

Capta energia de campos electromagnéticos ou vibrações no ambiente.

Aplicado em acessórios ou peças de vestuário para a produção de energia.

Colheita de bioenergia:

Aproveita processos biológicos ou materiais orgânicos para a produção sustentável de energia.

Aplicado em monitores de saúde portáteis e dispositivos médicos.

Sistemas híbridos de captação de energia:

Combina várias tecnologias de captação de energia para otimizar a produção de energia.

Fornece uma solução versátil para objectos portáteis com diferentes fontes de energia.

4.2.4 Aplicações da recolha de energia em dispositivos portáteis:

Smartwatches e rastreadores de condicionamento físico:

As células fotovoltaicas ou os materiais piezoeléctricos alimentam os smartwatches e os rastreadores de fitness, prolongando a vida útil da bateria e reduzindo a dependência do carregamento externo.

Dispositivos de monitorização da saúde:

Os monitores de saúde e os dispositivos médicos utilizáveis utilizam a captação de energia para um funcionamento sustentável, melhorando o acompanhamento contínuo da saúde.

Roupa inteligente:

O vestuário incorporado com tecnologias de captação de energia alimenta sensores para monitorização ambiental, correção da postura e acompanhamento da atividade.

Óculos de realidade aumentada:

Sistemas fotovoltaicos ou de indução electromagnética integrados em óculos AR para uma utilização prolongada e uma melhor experiência do utilizador.

Dispositivos de comunicação:

Recolha de energia em dispositivos de comunicação, como os auriculares Bluetooth, para prolongar o tempo de utilização e reduzir a necessidade de recarregamento frequente.

Sensores vestíveis:

As tecnologias de captação de energia alimentam vários sensores em dispositivos portáteis, incluindo acelerómetros, giroscópios e sensores ambientais.

4.2.5 Vantagens e direcções futuras:

Vida útil prolongada da bateria:

A captação de energia prolonga significativamente a vida útil da bateria dos objectos portáteis, reduzindo o incómodo de recarregamentos frequentes.

Maior autonomia:

Os vestíveis com capacidades de captação de energia podem funcionar de forma autónoma durante períodos mais longos, proporcionando uma funcionalidade ininterrupta.

Tecnologia sustentável:

A integração da recolha de energia alinha os produtos vestíveis com práticas sustentáveis, reduzindo o impacto ambiental das baterias descartáveis.

4.2.6 Desafios e considerações:

Eficiência na captação de energia:

Assegurar a eficiência das tecnologias de captação de energia para satisfazer as necessidades de energia de produtos vestíveis sofisticados.

Design e estética:

Equilíbrio entre a integração de componentes de captação de energia e o design e a estética dos dispositivos portáteis.

Adaptação do utilizador:

Aumentar a sensibilização dos utilizadores e a sua compreensão das características de captação de energia dos produtos vestíveis para uma utilização óptima.

As tecnologias de captação de energia na eletrónica vestível representam uma mudança de paradigma para dispositivos sustentáveis e auto-suficientes. À medida que a investigação e o desenvolvimento progridem, espera-se que os dispositivos portáteis se tornem mais eficientes do ponto de vista energético e respeitadores do ambiente, contribuindo para uma maior adoção da tecnologia portável em vários aspectos da vida quotidiana.

4.3 Dispositivos da Internet das Coisas (loT)

A Internet das Coisas (IoT) envolve a interligação de dispositivos, permitindo-lhes comunicar e partilhar dados. As tecnologias de captação de energia desempenham um papel crucial na alimentação dos dispositivos IoT, oferecendo soluções sustentáveis para um funcionamento contínuo. Esta secção explora as aplicações da captação de energia no domínio dos dispositivos IoT.

4.3.1 Visão geral dos dispositivos IoT:

Os dispositivos IoT englobam uma vasta gama de objectos, sensores e sistemas ligados que trocam dados através da Internet. Estes dispositivos servem diversos objectivos, incluindo a monitorização, a automatização e a tomada de decisões com base em dados.

4.3.2 Desafios das fontes de energia convencionais:

Os dispositivos IoT convencionais dependem frequentemente de baterias, o que pode colocar desafios como uma vida útil limitada, requisitos de manutenção e impacto ambiental. A captação de energia proporciona uma fonte de energia alternativa e sustentável para as implantações IoT.

4.3.3 Tecnologias de captação de energia em dispositivos loT:

Colheita de energia fotovoltaica:

Os painéis solares integrados nos dispositivos loT captam a luz solar para gerar energia eléctrica.

Aplicado em sensores de exterior, dispositivos de monitorização ambiental e loT agrícola.

Captação de energia piezoeléctrica:

Capta vibrações e movimentos mecânicos para produzir energia eléctrica para dispositivos IoT.

Implementado em IoT industrial, monitorização da saúde estrutural e infra-estruturas inteligentes.

Captação de energia termoeléctrica:

Converte as diferenças de temperatura em energia eléctrica, adequada para dispositivos IoT em ambientes com temperaturas variáveis.

Utilizado em deteção remota, processos industriais e edifícios energeticamente eficientes.

Indução electromagnética:

Capta energia de campos electromagnéticos ou vibrações no ambiente.

Aplicado em implantações urbanas de IoT, infra-estruturas inteligentes e ambientes industriais.

Nanogeradores triboeléctricos:

Aproveita as cargas induzidas por fricção para alimentar sensores e dispositivos em aplicações IoT.

Implementado em IoT vestível, embalagens inteligentes e rastreio logístico.

Colheita de bioenergia:

Utiliza processos biológicos ou materiais orgânicos para a produção sustentável de energia em dispositivos IoT.

Aplicado na monitorização ambiental, na agricultura de precisão e no seguimento da vida selvagem.

Sistemas híbridos de captação de energia:

Combina várias tecnologias de recolha de energia para otimizar a produção de energia para diversas aplicações IoT.

Fornece uma solução versátil para dispositivos IoT com diferentes fontes de energia.

4.3.4 Aplicações da colheita de energia em dispositivos IoT:

Monitorização ambiental:

Sensores IoT híbridos ou alimentados por energia solar monitorizam a qualidade do ar, os níveis de poluição e as condições climáticas em cidades inteligentes e zonas industriais.

IoT agrícola:

Os dispositivos IoT alimentados por energia solar ou piezoeléctrica monitorizam as condições do solo, a saúde das culturas e as necessidades de irrigação na agricultura de precisão.

IoT industrial (IIoT):

As tecnologias de captação de energia alimentam sensores para monitorização do estado das máquinas, manutenção preditiva e otimização de processos em ambientes industriais.

Infra-estruturas inteligentes:

Indução electromagnética ou sistemas termoeléctricos em dispositivos IoT para monitorizar e gerir o estado das infra-estruturas, como pontes, estradas e condutas.

Logística e rastreio:

Os nanogeradores triboeléctricos ou as células solares alimentam os dispositivos IoT em aplicações de logística e rastreio, assegurando a transmissão contínua de dados e a monitorização da localização.

Seguimento da vida selvagem:

Recolha de bioenergia ou dispositivos IoT alimentados a energia solar para esforços de rastreio e conservação da vida selvagem.

4.3.5 Vantagens e direcções futuras:

Sustentabilidade e fiabilidade:

A captação de energia melhora a sustentabilidade e a fiabilidade dos dispositivos IoT, permitindo um funcionamento contínuo sem necessidade de substituição frequente da bateria.

Manutenção reduzida:

A captação de energia reduz a necessidade de manutenção frequente associada à substituição da bateria em locais de implantação da IoT remotos ou difíceis.

Integração com as energias renováveis:

Combinar a recolha de energia com fontes de energia renováveis, como a solar ou a eólica, para criar ecossistemas IoT mais resilientes e sustentáveis.

4.3.6 Desafios e considerações:

Eficiência na captação de energia:

Garantir a eficiência das tecnologias de captação de energia para satisfazer as necessidades de energia de dispositivos IoT sofisticados.

Escalabilidade e normalização:

Desenvolvimento de soluções de recolha de energia escaláveis e normalizadas para uma adoção generalizada em diversas aplicações IoT.

Segurança e privacidade:

Abordagem das questões de segurança e privacidade associadas à implantação de dispositivos IoT alimentados por recolha de energia.

A captação de energia em dispositivos IoT transforma o panorama dos sistemas conectados, oferecendo soluções sustentáveis para uma vasta gama de aplicações.

4.4 Sensores e actuadores autónomos

Os sensores e actuadores autónomos são componentes integrais em vários sistemas, fornecendo deteção de dados em tempo real e capacidades de atuação. As tecnologias de captação de energia oferecem soluções de alimentação sustentáveis para estes dispositivos autónomos, garantindo um funcionamento contínuo sem necessidade de substituição frequente de baterias. Esta secção explora as aplicações da captação de energia no contexto de sensores e actuadores autónomos.

4.4.1 Visão geral dos sensores e actuadores autónomos:

Os sensores autónomos são dispositivos que podem detetar e recolher dados do ambiente sem fontes de energia externas. Os actuadores, por outro lado, são componentes que executam acções mecânicas com base nos sinais recebidos. A recolha de energia permite que estes dispositivos funcionem de forma autónoma durante longos períodos.

4.4.2 Desafios das fontes de energia convencionais:

As fontes de energia tradicionais para sensores e actuadores autónomos, como as baterias, enfrentam desafios relacionados com o tempo de vida limitado, o impacto ambiental e os requisitos de manutenção. A captação de energia constitui uma alternativa sustentável, que responde a estes desafios.

4.4.3 Tecnologias de captação de energia para dispositivos autónomos:

Colheita de energia fotovoltaica:

As células solares integradas em sensores e actuadores autónomos captam a luz solar para gerar energia eléctrica.

Aplicado na monitorização ambiental exterior, sensores agrícolas e actuadores alimentados por energia solar.

Captação de energia piezoeléctrica:

Capta vibrações e movimentos mecânicos para produzir energia eléctrica para dispositivos autónomos.

Utilizados na monitorização da saúde estrutural, em sensores industriais e em actuadores alimentados por vibrações.

Captação de energia termoeléctrica:

Converte as diferenças de temperatura em energia eléctrica, adequada para sensores autónomos em ambientes com temperaturas variáveis.

Utilizado em deteção remota, processos industriais e actuadores eficientes em termos energéticos.

Indução electromagnética:

Capta energia de campos electromagnéticos ou vibrações no ambiente.

Aplicado em implantações urbanas, sensores de infra-estruturas inteligentes e actuadores electromagnéticos.

Nanogeradores triboeléctricos:

Aproveita as cargas induzidas pela fricção para alimentar sensores e actuadores autónomos.

Implementado em sensores portáteis, actuadores movidos pelo movimento humano e interruptores auto-alimentados.

Colheita de bioenergia:

Utiliza processos biológicos ou materiais orgânicos para a produção sustentável de energia em dispositivos autónomos.

Aplicado na monitorização ambiental, em sensores de localização de animais selvagens e em actuadores movidos a bioenergia.

Sistemas híbridos de captação de energia:

Combina várias tecnologias de captação de energia para otimizar a produção de energia para diversas aplicações autónomas.

Oferece uma solução versátil para sensores e actuadores com diferentes fontes de energia.

4.4.4 Aplicações da colheita de energia em sensores e actuadores autónomos:

Monitorização da saúde estrutural:

Sensores piezoeléctricos e de indução electromagnética monitorizam a integridade estrutural de edifícios, pontes e infra-estruturas.

Sensores de processos industriais:

Os sensores alimentados por energia termoeléctrica monitorizam as variações de temperatura, a pressão e os processos químicos em ambientes industriais.

Actuadores alimentados por vibração:

Os actuadores piezoeléctricos aproveitam as vibrações mecânicas para acções mecânicas de pequena escala em ambientes industriais.

Sensores agrícolas alimentados por energia solar:

Os sensores alimentados por energia fotovoltaica monitorizam as condições do solo, a saúde das culturas e os parâmetros ambientais na agricultura de precisão.

Interruptores accionados pelo movimento humano:

Os nanogeradores triboeléctricos alimentam interruptores e sensores em casas inteligentes e dispositivos de interface homem-máquina.

Sensores de monitorização ambiental:

Os sensores de colheita de bioenergia monitorizam a vida selvagem, os ecossistemas vegetais e as condições ambientais em locais remotos.

4.4.5 Vantagens e direcções futuras:

Funcionamento sustentável:

A captação de energia permite que sensores e actuadores autónomos funcionem de forma sustentável sem fontes de energia externas, reduzindo o impacto ambiental.

Manutenção reduzida:

A longevidade dos dispositivos autónomos é melhorada, reduzindo a necessidade de manutenção frequente e de substituição de baterias em locais remotos ou inacessíveis.

Integração em ecossistemas IoT:

Os sensores e actuadores autónomos alimentados pela captação de energia integram-se perfeitamente em ecossistemas IoT mais amplos, contribuindo para sistemas interligados e resilientes.

4.4.6 Desafios e considerações:

Eficiência na captação de energia:

Garantir a eficiência das tecnologias de captação de energia para satisfazer as necessidades de energia de sensores e actuadores autónomos sofisticados.

Miniaturização e integração:

Miniaturização de componentes de captação de energia para uma integração perfeita em sensores e actuadores de pequena escala.

Desenhos específicos da aplicação:

Adaptar as soluções de recolha de energia para satisfazer as necessidades específicas e as condições ambientais de diversas aplicações.

A captação de energia em sensores e actuadores autónomos transforma as abordagens tradicionais de deteção e atuação, oferecendo soluções sustentáveis para várias indústrias.

4.5 Implantes médicos e dispositivos de cuidados de saúde

Os implantes médicos e os dispositivos de cuidados de saúde são componentes críticos dos cuidados de saúde modernos, fornecendo funcionalidades de monitorização, diagnóstico e terapêuticas. A integração de tecnologias de captação de energia nestes dispositivos oferece soluções de energia sustentáveis, reduzindo a necessidade de substituição frequente de baterias e melhorando os cuidados prestados aos doentes. Esta secção explora as aplicações da captação de energia no domínio dos implantes médicos e dos dispositivos de cuidados de saúde.

4.5.1 Visão geral dos implantes médicos e dispositivos de cuidados de saúde:

Os implantes médicos e os dispositivos de cuidados de saúde incluem uma vasta gama de instrumentos e sistemas concebidos para monitorizar, diagnosticar e tratar condições médicas. Os implantes, como os pacemakers e as bombas de insulina, desempenham um papel crucial na gestão de doenças crónicas, enquanto os dispositivos de cuidados de saúde fornecem dados em tempo real aos profissionais de saúde.

4.5.2 Desafios das fontes de energia convencionais:

As fontes de energia tradicionais para implantes médicos e dispositivos de cuidados de saúde, como as baterias, apresentam desafios relacionados com a vida útil limitada, as restrições de tamanho e a necessidade de procedimentos invasivos para a sua substituição. As tecnologias de recolha de energia oferecem uma alternativa sustentável e minimamente invasiva.

4.5.3 Tecnologias de captação de energia para dispositivos médicos:

Colheita de energia fotovoltaica:

As células solares integradas em implantes e dispositivos médicos captam a luz ambiente para gerar energia eléctrica.

Aplicado em dispositivos médicos exteriores e implantes posicionados junto à superfície da pele.

Captação de energia piezoeléctrica:

Recolhe vibrações e movimentos mecânicos, potencialmente derivados de processos fisiológicos, para alimentar dispositivos médicos.

Utilizados em implantes e dispositivos próximos de articulações, músculos ou órgãos com movimentos dinâmicos.

Captação de energia termoeléctrica:

Converte as diferenças de temperatura dentro do corpo em energia eléctrica, adequada para implantes e dispositivos em regiões sensíveis à temperatura.

Utilizado em implantes de tecidos profundos e dispositivos com acesso a diferenciais de temperatura.

Nanogeradores triboeléctricos:

Utiliza cargas induzidas por fricção geradas por movimentos corporais para alimentar implantes e dispositivos médicos.

Aplicado em dispositivos médicos portáteis e implantes em áreas com movimentos frequentes.

Colheita de bioenergia:

Aproveita os processos biológicos, como a oxidação da glicose ou os movimentos biomecânicos, para a produção sustentável de energia.

Utilizado em implantes e dispositivos alimentados por glicose que utilizam as reacções bioquímicas do organismo.

Sistemas híbridos de captação de energia:

Combina várias tecnologias de captação de energia para otimizar a produção de energia para diversas aplicações médicas.

Oferece uma solução versátil para dispositivos com diferentes fontes de energia.

4.5.4 Aplicações da captação de energia em implantes e dispositivos médicos:

Implantes movidos a glucose:

As tecnologias de recolha de bioenergia alimentam implantes para monitorização contínua da glucose e administração de insulina na gestão da diabetes.

Implantes cardíacos:

Recolha de energia fotovoltaica ou piezoeléctrica em pacemakers e desfibrilhadores para obter energia sustentável e uma vida útil mais longa.

Monitores de saúde vestíveis:

Nanogeradores triboeléctricos ou células solares em dispositivos portáteis para monitorização contínua da saúde e recolha de dados.

Neuroestimuladores:

Tecnologias de captação de energia em dispositivos de neuroestimulação para a gestão da dor crónica e de perturbações neurológicas.

Implantes ortopédicos:

Recolha de energia piezoeléctrica ou termoeléctrica em implantes de articulações para alimentar sensores e facilitar a monitorização remota.

Dispositivos sensíveis à temperatura:

Recolha de energia termoeléctrica em dispositivos que monitorizam a temperatura corporal ou áreas internas específicas.

4.5.5 Vantagens e direcções futuras:

Fontes de energia minimamente invasivas:

A captação de energia fornece fontes de energia minimamente invasivas para implantes médicos, reduzindo a necessidade de cirurgias frequentes para substituição da bateria.

Vida útil alargada:

As tecnologias de captação de energia contribuem para prolongar o tempo de vida e aumentar a fiabilidade dos implantes e dispositivos médicos.

Cuidados de saúde centrados no doente:

As soluções de energia sustentável permitem cuidados de saúde centrados no doente, reduzindo o impacto da manutenção dos dispositivos na vida quotidiana dos doentes.

4.5.6 Desafios e considerações:

Biocompatibilidade:

Garantir a biocompatibilidade dos componentes de captação de energia para evitar reacções adversas no organismo.

Eficiência na captação de energia:

Otimização da eficiência das tecnologias de captação de energia para satisfazer as necessidades de energia de implantes médicos sofisticados.

Conformidade regulamentar:

Cumprir as normas regulamentares para dispositivos médicos, incluindo considerações de segurança e desempenho.

A recolha de energia em implantes médicos e dispositivos de cuidados de saúde marca um passo transformador no sentido de melhorar os cuidados aos doentes e a sustentabilidade das tecnologias de cuidados de saúde. À medida que os avanços continuam, a integração da recolha de energia está preparada para desempenhar um papel fundamental na definição do futuro dos implantes médicos e dos dispositivos de cuidados de saúde.

Capítulo 5: Tendências futuras e tecnologias emergentes

5.1 Inovações na captação de energia

T futuro da recolha de energia apresenta possibilidades interessantes, à medida que investigadores e engenheiros exploram tecnologias inovadoras para aumentar a eficiência, a escalabilidade e a versatilidade. Esta secção analisa as tendências e inovações emergentes na captação de energia, abrindo caminho para soluções de energia sustentáveis e auto-suficientes.

5.1.1 Materiais avançados para uma maior eficiência:

Materiais nanoestruturados:

Integração de materiais nanoestruturados em dispositivos de captação de energia para aumentar a área de superfície, promover uma melhor separação de cargas e melhorar a eficiência global.

Metamateriais:

Exploração de metamateriais com propriedades electromagnéticas únicas para melhorar a absorção e conversão de energia em sistemas baseados na indução electromagnética.

Pontos Quânticos:

Utilização de pontos quânticos para melhorar a absorção de luz em células fotovoltaicas, conduzindo a uma maior eficiência na captação de energia solar.

5.1.2 Colhedores de energia flexíveis e extensíveis:

Materiais Piezoeléctricos Esticáveis:

Desenvolvimento de materiais piezoeléctricos extensíveis para dispositivos portáteis, permitindo a captação de energia a partir de uma gama mais vasta de movimentos corporais.

Fotovoltaicos flexíveis:

Avanços em materiais fotovoltaicos flexíveis para permitir uma integração perfeita em vestuário, superfícies e formas irregulares para aplicações versáteis.

Soft Robotics and Energy Harvesting:

Integração de tecnologias de recolha de energia na robótica flexível, permitindo o funcionamento contínuo sem necessidade de fontes de energia externas.

5.1.3 Integração da Internet das Coisas (IoT):

Nós IoT auto-alimentados:

Integração de tecnologias de recolha de energia em nós IoT, permitindo um funcionamento auto-alimentado e sustentável em diversas aplicações IoT.

Sistemas IoT com consciência energética:

Desenvolvimento de algoritmos e sistemas sensíveis à energia que se adaptam dinamicamente às fontes de energia disponíveis, optimizando o consumo de energia em ecossistemas IoT.

Transferência de energia sem fios para a IoT:

Exploração de tecnologias de transferência de energia sem fios para alimentar remotamente dispositivos IoT, reduzindo a dependência de baterias e aumentando a flexibilidade da implantação.

5.1.4 Captação de energia em ambientes agressivos:

Colheita a temperaturas extremas:

Investigação sobre materiais termoeléctricos capazes de captar energia em ambientes com temperaturas extremas, como os processos industriais e as aplicações espaciais.

Recolha de vibrações em condições adversas:

Conceção de sistemas piezoeléctricos robustos capazes de captar energia de vibrações intensas em ambientes industriais difíceis e cenários de grande impacto.

Energia fotovoltaica resiliente:

Desenvolvimento de materiais fotovoltaicos resistentes a condições climatéricas adversas e capazes de captar energia mesmo em ambientes com pouca luz ou com luz solar variável.

5.1.5 Sistemas híbridos de captação de energia:

Colheitadeiras Multi-Fonte:

Integração de múltiplas tecnologias de recolha de energia em sistemas híbridos, combinando os pontos fortes dos métodos fotovoltaico, piezoelétrico e outros para uma produção optimizada de energia.

Sistemas de colheita adaptáveis:

Sistemas inteligentes que alternam de forma adaptativa entre diferentes fontes de captação de energia com base nas condições ambientais, garantindo uma produção de energia contínua e eficiente.

Integração de armazenamento e gestão:

Integração perfeita de sistemas avançados de armazenamento e gestão de energia para armazenar a energia colhida de forma eficiente e fornecer uma fonte de alimentação estável.

5.1.6 Colheita de energia para avanços médicos:

Colhedores de energia implantáveis:

Desenvolvimento de colectores de energia em miniatura para dispositivos médicos implantáveis, reduzindo a necessidade de procedimentos invasivos e aumentando a fiabilidade dos implantes a longo prazo.

Recolha bioquímica de energia:

Exploração de técnicas inovadoras de captação de energia a partir de reacções bioquímicas no corpo humano, abrindo novas possibilidades de energia sustentável em aplicações médicas.

Recolha de energia para interfaces neurais:

Integração de tecnologias de captação de energia em interfaces neurais para monitorização contínua e aplicações terapêuticas, reduzindo a dependência de fontes de energia externas.

5.1.7 Integração da Inteligência Artificial:

Sistemas de captação de energia com recurso a IA:

Implementação de algoritmos de inteligência artificial para otimizar o funcionamento de sistemas de captação de energia com base em dados históricos, previsões meteorológicas e padrões de utilização.

Redes inteligentes de captação de energia:

Desenvolvimento de redes inteligentes de captação de energia que possam adaptar-se autonomamente a condições variáveis e dar prioridade à distribuição de energia com base na procura.

Manutenção preditiva com IA:

Utilização de IA para manutenção preditiva de sistemas de recolha de energia, aumentando a fiabilidade e reduzindo o tempo de inatividade através de monitorização e diagnóstico proactivos.

O futuro da recolha de energia é caracterizado por uma convergência de materiais inovadores, tecnologias flexíveis e sistemas inteligentes. Estes avanços estão preparados para revolucionar diversos sectores, desde os cuidados de saúde e a IoT até às aplicações industriais, abrindo caminho para um futuro mais sustentável e interligado.

5.2 Integração com a Inteligência Artificial

À medida que as tecnologias de recolha de energia evoluem, a integração com a Inteligência Artificial (IA) destaca-se como uma tendência transformadora. A sinergia entre a recolha de energia e a IA cria sistemas inteligentes, adaptáveis e eficientes. Esta secção explora a integração da captação de energia com a IA e as suas potenciais implicações em várias aplicações.

5.2.1 Sistemas de captação de energia com recurso a IA:

Gestão inteligente de energia:

Os algoritmos de IA analisam dados históricos, condições ambientais e padrões de produção de energia para otimizar o funcionamento dos sistemas de recolha de energia. Isto permite uma utilização e armazenamento eficientes da energia.

Adaptação dinâmica:

Os algoritmos adaptativos permitem que os sistemas de captação de energia alternem dinamicamente entre diferentes fontes com base nas condições em tempo real. A IA assegura uma utilização óptima dos recursos disponíveis.

Análise preditiva:

A análise preditiva baseada em IA prevê a disponibilidade de energia, os padrões de consumo e as potenciais falhas do sistema. Isto facilita a manutenção proactiva e aumenta a fiabilidade geral.

5.2.2 Integração das redes inteligentes e da IA:

Gestão da procura:

Os algoritmos de IA analisam dados de fontes de recolha de energia e padrões de procura dos consumidores para otimizar a distribuição de energia em redes inteligentes. Isto assegura um equilíbrio entre a oferta e a procura.

Otimização da grelha:

A otimização da rede baseada em IA tem em conta a produção de energia em tempo real, os níveis de armazenamento e os padrões de consumo. Isto resulta num encaminhamento eficiente da energia e na redução do congestionamento da rede.

Deteção e recuperação de falhas:

Os sistemas de deteção de falhas baseados em IA identificam problemas na recolha e distribuição de energia, permitindo uma recuperação rápida e minimizando as interrupções no fornecimento de energia.

5.2.3 Sistemas da Internet das Coisas (IoT) com consciência energética:

Dispositivos IoT adaptáveis:

Os dispositivos IoT alimentados por recolha de energia e equipados com IA podem adaptar o seu funcionamento com base na disponibilidade de energia. Isto garante uma funcionalidade sustentada em diversos ambientes.

Encaminhamento inteligente de energia:

Os algoritmos orientados para a IA optimizam o encaminhamento de energia entre dispositivos IoT interligados, promovendo um ecossistema IoT sustentável e eficiente em termos energéticos.

Aprendizagem comportamental:

A IA nos dispositivos IoT aprende com os padrões de utilização e adapta o consumo de energia em conformidade, contribuindo para prolongar o tempo de vida dos dispositivos e reduzir a procura global de energia.

5.2.4 Aprendizagem automática para otimização da recolha de energia:

Eficiência algorítmica:

Os algoritmos de aprendizagem automática afinam os parâmetros de captação de energia, aprendendo com os dados de desempenho do mundo real. Este facto aumenta a eficiência global dos sistemas de captação de energia.

Previsão de captação de energia:

Os modelos de IA prevêem o potencial futuro de recolha de energia com base em previsões meteorológicas, dados históricos e variações sazonais. Isto ajuda na gestão proactiva da energia.

Sistemas de Controlo Adaptativo:

Os algoritmos de aprendizagem automática permitem o controlo adaptativo dos dispositivos de captação de energia, garantindo que estes respondem dinamicamente às condições ambientais em mudança e às necessidades dos utilizadores.

5.2.5 Veículos autónomos e recolha de energia com base em IA:

Gestão da energia dos veículos:

Os algoritmos de IA optimizam a recolha e o consumo de energia em veículos autónomos. Isto inclui a gestão da energia de painéis solares, travagem regenerativa e outras fontes.

Otimização do encaminhamento e do carregamento:

Os sistemas alimentados por IA analisam dados em tempo real para otimizar a rota dos veículos autónomos, tendo em conta a disponibilidade de energia e a infraestrutura de carregamento.

Superfícies de captação de energia:

A IA ajuda a conceber e a implementar superfícies de recolha de energia nos veículos, tornando-os mais auto-suficientes e reduzindo a dependência de fontes de energia externas.

5.2.6 Redes de rádio cognitivas e IA:

Comunicação adaptativa:

As redes de rádio cognitivas, alimentadas por recolha de energia, tiram partido da IA para adaptar os parâmetros de comunicação com base na disponibilidade de energia e nas condições da rede.

Otimização do espetro:

Os algoritmos de IA optimizam a utilização do espetro de frequências disponível nas redes de rádio cognitivas, tendo em conta as restrições energéticas e os requisitos de comunicação.

Redes de auto-cura:

Os mecanismos de auto-regeneração orientados por IA nas redes de rádio cognitivas respondem à escassez de energia reencaminhando os caminhos de comunicação e ajustando dinamicamente as configurações da rede.

A integração da recolha de energia com a Inteligência Artificial representa uma mudança de paradigma na criação de sistemas inteligentes, adaptáveis e sustentáveis. À medida que as tecnologias de IA continuam a avançar, espera-se que a sua colaboração com a recolha de energia desempenhe um papel fundamental na definição do futuro das redes inteligentes, dos ecossistemas IoT, dos transportes e das redes de comunicação. Esta convergência promete sistemas mais resilientes, eficientes e amigos do ambiente em vários domínios.

5.3 Convergência tecnológica

O futuro da captação de energia é marcado por uma profunda convergência de tecnologias, reunindo diversos domínios para criar sistemas integrados e multifuncionais. Esta secção explora as tendências e implicações da convergência tecnológica no domínio da captação de energia.

5.3.1 Sistemas multifuncionais de captação de energia:

Colheitadeiras integradas a sensores:

Sistemas de captação de energia integrados com sensores para monitorização em tempo real e recolha de dados. Esta convergência permite aplicações de deteção auto-alimentadas em todos os sectores.

Integração colheitadeira-armazém:

Integração perfeita dos colectores de energia com tecnologias avançadas de armazenamento de energia, resultando em sistemas compactos e eficientes capazes de armazenar e utilizar a energia recolhida.

Colheita de energia e comunicação:

Convergência da captação de energia com as tecnologias de comunicação, permitindo que a energia captada alimente dispositivos e redes de comunicação de forma autónoma.

5.3.2 Nanotecnologia e captação de energia:

Materiais nanoestruturados para colectores:

Incorporação de nanomateriais em dispositivos de extração de energia para melhorar a eficiência, aumentar a área de superfície e permitir o desenvolvimento de dispositivos de extração miniaturizados e de elevado desempenho.

Nanogeradores para sistemas auto-alimentados:

Integração de nanogeradores com sistemas de recolha de energia para dispositivos auto-alimentados. Esta convergência é promissora para aplicações em dispositivos portáteis, IoT e biomédicos.

Sistemas nanoelectromecânicos (NEMS):

Integração de NEMS com captadores de energia para aproveitar a energia mecânica em pequena escala para alimentar dispositivos e sensores à nanoescala.

5.3.3 Tecnologias quânticas na captação de energia:

Células solares de pontos quânticos:

Adoção da tecnologia de pontos quânticos em células solares para uma melhor absorção da luz, sintonização espetral e maior eficiência em sistemas de captação de energia com base fotovoltaica.

Sensores quânticos melhorados:

Convergência das tecnologias quânticas com a captação de energia para o desenvolvimento de sensores altamente sensíveis, permitindo uma monitorização e um controlo ambientais precisos.

Captação de energia quântica:

Exploração dos princípios quânticos em sistemas de captação de energia para aproveitar a energia a nível quântico, potencialmente desbloqueando novas fronteiras na geração eficiente de energia.

5.3.4 Biotecnologia e captação de energia:

Sistemas de colheita bioinspirados:

Desenvolvimento de sistemas de captação de energia inspirados em processos biológicos, imitando os mecanismos naturais para uma conversão eficiente da energia.

Materiais biocompatíveis para implantes:

Integração de materiais biocompatíveis em dispositivos de captação de energia para implantes médicos, garantindo a compatibilidade com o corpo humano e reduzindo o risco de reacções adversas.

Recolha bioquímica de energia:

Convergência da biotecnologia com a captação de energia para explorar métodos inovadores de captação de energia a partir de reacções bioquímicas no interior do corpo.

5.3.5 Colaboração entre domínios:

Recolha de energia em cidades inteligentes:

Colaboração entre tecnologias de recolha de energia, IoT e cidades inteligentes para o desenvolvimento de ambientes urbanos sustentáveis alimentados por fontes de energia ambiente.

Colheita de energia na indústria 4.0:

Integração da recolha de energia com as tecnologias da Indústria 4.0, contribuindo para o desenvolvimento de fábricas inteligentes com sensores e dispositivos auto-alimentados.

Colheita de energia para a exploração espacial:

Colaboração entre tecnologias de colheita de energia e de exploração espacial para o desenvolvimento de sistemas autónomos e sustentáveis em missões espaciais.

5.3.6 Design ético e sustentável:

Princípios da economia circular:

Integração dos princípios da economia circular na conceção de sistemas de captação de energia, com ênfase na sustentabilidade, reciclabilidade e redução do impacto ambiental.

Considerações éticas sobre o desenvolvimento tecnológico:

Práticas de conceção inclusivas e éticas no desenvolvimento de tecnologias de captação de energia, tendo em conta as implicações sociais e ambientais.

Envolvimento da comunidade:

Colaboração entre os criadores de tecnologia e as comunidades locais para garantir a implantação responsável de sistemas de captação de energia, respondendo às necessidades e preocupações da comunidade.

A convergência tecnológica no domínio da captação de energia representa uma abordagem holística da inovação, reunindo diversas disciplinas para criar sistemas sinérgicos e multifuncionais. À medida que estas convergências se desenvolvem, espera-se que redefinam as capacidades e aplicações da captação de energia em todos os sectores, contribuindo para um futuro mais sustentável e interligado.

Capítulo 6: Impacto social e ambiental

6.1 Captação de energia e sustentabilidade

A integração das tecnologias de captação de energia tem implicações de grande alcance tanto para o bem-estar social como para a sustentabilidade ambiental. Esta secção explora o profundo impacto da captação de energia na promoção da sustentabilidade em vários sectores e na promoção de mudanças positivas na sociedade.

6.1.1 Contribuição para as energias renováveis:

Redução da dependência de energias não renováveis:

A captação de energia minimiza a dependência de fontes de energia não renováveis, contribuindo para um panorama energético mais sustentável e atenuando o impacto ambiental da extração e consumo de combustíveis fósseis.

Colheita a partir de fontes ambientais:

Utilizando fontes ambientais como a luz solar, as vibrações e as diferenças de temperatura, a recolha de energia aproveita os recursos renováveis que são abundantes e ocorrem naturalmente.

6.1.2 Conservação do ambiente:

Mitigação da pegada ambiental:

As tecnologias de captação de energia têm frequentemente uma pegada ambiental menor em comparação com os métodos tradicionais de produção de energia, reduzindo a poluição, as emissões de gases com efeito de estufa e a degradação ambiental global.

Preservação dos ecossistemas:

A adoção da captação de energia em áreas remotas ou ambientalmente sensíveis minimiza a necessidade de infra-estruturas eléctricas intrusivas, preservando os ecossistemas e a biodiversidade.

6.1.3 Desenvolvimento sustentável:

Fora da rede e em áreas remotas:

A captação de energia facilita a produção de energia em zonas remotas e fora da rede, contribuindo para o desenvolvimento sustentável ao permitir o acesso à eletricidade sem um desenvolvimento extensivo das infra-estruturas.

Capacitar as comunidades mal servidas:

A implantação de tecnologias de captação de energia capacita as comunidades carenciadas, proporcionando acesso a energia limpa e sustentável, promovendo o desenvolvimento económico e melhorando a qualidade de vida.

6.1.4 Inclusão tecnológica:

Produção descentralizada de energia:

A recolha de energia apoia a produção descentralizada de energia, permitindo que as comunidades produzam a sua própria energia a nível local. Esta descentralização promove a resiliência e a inclusão, especialmente em regiões com acesso limitado a redes eléctricas centralizadas.

Soluções energéticas de base comunitária:

A participação da comunidade na implantação e manutenção de sistemas de captação de energia promove um sentimento de propriedade e de inclusão, garantindo que os benefícios tecnológicos sejam partilhados equitativamente.

6.1.5 Prolongamento da vida útil dos dispositivos:

Redução dos resíduos electrónicos:

A longevidade e a sustentabilidade dos sistemas de captação de energia contribuem para a redução dos resíduos electrónicos, uma vez que os dispositivos requerem substituições e eliminações menos frequentes.

Princípios da economia circular:

A conceção de sistemas de captação de energia com os princípios da economia circular em mente promove a reutilização e a reciclagem de componentes, minimizando ainda mais o impacto ambiental.

6.1.6 Ajuda humanitária e em caso de catástrofe:

Soluções de energia de emergência:

A captação de energia fornece soluções de energia fiáveis e sustentáveis em situações de emergência, apoiando os esforços humanitários e a assistência em caso de catástrofe, garantindo o acesso contínuo a serviços essenciais.

Infra-estruturas resilientes:

A implantação de tecnologias de captação de energia em zonas propensas a catástrofes aumenta a resiliência das infra-estruturas críticas, assegurando que os serviços essenciais possam continuar mesmo em condições difíceis.

6.1.7 Educação e sensibilização:

Promoção de práticas sustentáveis:

A adoção de tecnologias de captação de energia apresenta oportunidades para iniciativas educativas, sensibilizando para práticas energéticas sustentáveis e inspirando comportamentos ambientalmente conscientes.

Integração nos currículos:

A integração de tópicos relacionados com a recolha de energia e a sustentabilidade nos currículos educativos promove uma cultura de responsabilidade ambiental entre as gerações futuras.

6.1.8 Ação climática global:

Contribuir para os objectivos climáticos:

A captação de energia alinha-se com os objectivos globais de ação climática, reduzindo a dependência dos combustíveis fósseis, atenuando as alterações climáticas e apoiando a transição para um futuro sustentável e com baixas emissões de carbono.

Parte do cabaz de energias renováveis:

Como componente do cabaz de energias renováveis, a captação de energia desempenha um papel na diversificação das fontes de energia e na obtenção de uma carteira de energia mais equilibrada e sustentável.

O impacto social e ambiental da recolha de energia vai para além dos avanços tecnológicos, influenciando a forma como as comunidades acedem e utilizam a energia. Ao promover a sustentabilidade, a inclusão e a resiliência, a captação de energia contribui para um futuro mais equitativo e ambientalmente consciente.

6.2 Implicações sociais e económicas

A integração das tecnologias de captação de energia tem implicações sociais e económicas significativas, influenciando vários aspectos da sociedade, desde o acesso à energia em regiões mal servidas até ao desenvolvimento económico e à criação de emprego. Esta secção explora o impacto multifacetado da captação de energia na dinâmica social e económica.

6.2.1 Acesso à energia e inclusão:

Capacitar as comunidades mal servidas:

A recolha de energia combate a pobreza energética fornecendo soluções de energia sustentáveis e acessíveis a comunidades carenciadas, dando-lhes acesso à eletricidade para iluminação, educação e comunicação.

Eletrificação rural:

Em áreas rurais e remotas, onde a infraestrutura de energia tradicional pode ser difícil de implementar, a recolha de energia permite a produção de energia descentralizada e localizada, promovendo a inclusão e colmatando a lacuna de acesso à energia.

6.2.2 Desenvolvimento económico:

Criação de emprego local:

A implantação, manutenção e fabrico de sistemas de captação de energia contribuem para a criação de emprego local, estimulando o desenvolvimento económico nas regiões onde estas tecnologias são implementadas.

Oportunidades de empreendedorismo:

A recolha de energia abre caminhos para o empreendedorismo, encorajando o desenvolvimento de empresas locais especializadas na instalação e manutenção de infra-estruturas de recolha de energia.

6.2.3 **Inovação tecnológica:**

Investigação e desenvolvimento:

A procura de tecnologias de captação de energia promove a inovação e a investigação, impulsionando os avanços na ciência dos materiais, na eletrónica e em domínios multidisciplinares, contribuindo assim para o progresso tecnológico.

Startups e centros de inovação:

As empresas emergentes e os centros de inovação centrados nas tecnologias de captação de energia criam ecossistemas que estimulam o crescimento económico, atraem investimentos e cultivam uma cultura de inovação.

6.2.4 **Resiliência das infra-estruturas:**

Preparação para catástrofes:

As comunidades equipadas com infra-estruturas de captação de energia são mais resistentes a catástrofes naturais. A capacidade de gerar energia localmente assegura a continuidade de serviços críticos, ajudando na preparação e recuperação em caso de catástrofe.

Redução da dependência de redes centralizadas:

A recolha de energia reduz a dependência de redes eléctricas centralizadas, proporcionando uma infraestrutura energética mais resiliente e menos suscetível a falhas e interrupções generalizadas.

6.2.5 **Saúde pública e bem-estar:**

Acesso aos cuidados de saúde:

A captação de energia facilita o funcionamento de dispositivos essenciais de cuidados de saúde em zonas remotas e fora da rede, melhorando o acesso a serviços médicos e contribuindo para melhores resultados em termos de saúde pública.

Melhoria da qualidade de vida:

O acesso à energia sustentável tem um impacto positivo na qualidade de vida, permitindo comodidades como a iluminação, a refrigeração e a comunicação, melhorando, em última análise, o bem-estar geral.

6.2.6 Educação e desenvolvimento de competências:

Oportunidades de formação:

A implantação e manutenção de sistemas de recolha de energia criam oportunidades para o desenvolvimento de competências e programas de formação, dotando os indivíduos de conhecimentos técnicos especializados em tecnologias de energias renováveis.

Iniciativas educativas:

A incorporação da recolha de energia nos currículos educativos cultiva uma força de trabalho com conhecimentos e competências alinhados com as exigências em evolução do sector das energias renováveis.

6.2.7 Inclusão económica:

Propriedade comunitária:

O envolvimento das comunidades locais na propriedade e gestão dos sistemas de captação de energia promove a inclusão económica, assegurando que os benefícios destas tecnologias sejam partilhados equitativamente.

Apoio às microempresas:

Os sistemas de captação de energia, em especial os adaptados a aplicações de pequena escala, apoiam as microempresas ao fornecerem soluções de energia fiáveis às empresas locais, contribuindo para a diversidade económica.

6.2.8 Oportunidades do mercado global:

Exportação e comércio:

Os países que investem em tecnologias de captação de energia posicionam-se num mercado global em crescimento. A exportação de soluções inovadoras contribui para o crescimento económico e reforça a colaboração internacional.

Investimento estrangeiro:

O desenvolvimento de infra-estruturas de captação de energia atrai o investimento estrangeiro, criando oportunidades de colaboração, transferência de tecnologia e parcerias económicas entre nações.

O impacto social e económico da recolha de energia vai para além da produção de eletricidade, influenciando o desenvolvimento da comunidade, o empreendedorismo e o panorama económico geral. Ao promover a inclusão, a inovação e a resiliência económica, a captação de energia surge como uma força transformadora com potencial para impulsionar mudanças positivas tanto a nível local como global.

6.3 Benefícios e preocupações ambientais

A adoção de tecnologias de captação de energia traz uma série de benefícios ambientais, contribuindo para práticas sustentáveis e para a redução dos impactos ecológicos. No entanto, também levanta algumas preocupações que exigem uma análise cuidadosa. Esta secção explora as implicações ambientais da captação de energia.

6.3.1 Benefícios ambientais:

Redução das emissões de gases com efeito de estufa:

A captação de energia, principalmente a partir de fontes renováveis, desempenha um papel vital na redução da dependência dos combustíveis fósseis, contribuindo para diminuir as emissões de gases com efeito de estufa e atenuar as alterações climáticas.

Pegada ambiental mínima:

Em comparação com os métodos tradicionais de produção de energia, muitas tecnologias de captação de energia têm uma pegada ambiental mínima, uma vez que aproveitam a energia de fontes ambientais sem alterações significativas nos ecossistemas.

Conservação dos recursos naturais:

Ao utilizar fontes renováveis como a luz solar, o vento e as vibrações, a recolha de energia ajuda a conservar os recursos naturais, reduzindo o impacto ambiental associado à extração e utilização dos recursos.

6.3.2 Preocupações e considerações:

Impacto nos materiais e no fabrico:

A produção de dispositivos de captação de energia pode implicar a utilização de materiais raros ou com impacto ambiental. O abastecimento sustentável, a reciclagem e as práticas de fabrico responsáveis são essenciais para mitigar estas preocupações.

Gestão do fim da vida:

A eliminação e a reciclagem de dispositivos de captação de energia no final do seu ciclo de vida apresentam desafios. A reciclagem correcta e as estratégias de gestão de resíduos são cruciais para evitar a contaminação ambiental.

Impacto ecológico das instalações:

A implantação em larga escala de certas tecnologias de captação de energia, como parques solares ou turbinas eólicas, pode ter implicações ecológicas, afectando os ecossistemas locais e a vida selvagem. A seleção do local e as avaliações de impacto ambiental são considerações críticas.

6.3.3 Preservação da biodiversidade:

Atenuação da perturbação do habitat:

As tecnologias de extração de energia, em especial as concebidas para um impacto ambiental mínimo, contribuem para a preservação da biodiversidade, evitando perturbações significativas do habitat e minimizando o impacto na flora e fauna locais.

Instalações ecológicas:

As práticas de instalação sustentáveis, como a conceção de turbinas eólicas favoráveis à vida selvagem ou de instalações solares flutuantes, podem atenuar o impacto na biodiversidade, promovendo a coexistência com os ecossistemas naturais.

6.3.4 Eficiência energética e análise do ciclo de vida:

Conversão eficiente de energia:

A eficiência das tecnologias de captação de energia na conversão da energia ambiente em energia utilizável é crucial. Os esforços contínuos para melhorar a eficiência da conversão de energia contribuem para a poupança global de energia.

Análise do ciclo de vida:

A realização de análises abrangentes do ciclo de vida dos sistemas de captação de energia ajuda a avaliar o seu impacto ambiental global, considerando factores desde a extração de matérias-primas até à eliminação em fim de vida.

6.3.5 Utilização dos solos e serviços ecossistémicos:

Planeamento optimizado da utilização do solo:

O planeamento estratégico da utilização dos terrenos para instalações de captação de energia, como parques solares ou parques eólicos, ajuda a otimizar a produção de energia, minimizando a perturbação dos ecossistemas e das actividades agrícolas.

Preservação dos serviços ecossistémicos:

As tecnologias de captação de energia devem ser implantadas de forma a preservar os serviços essenciais dos ecossistemas, como a filtragem da água, a fertilidade do solo e a polinização, assegurando a saúde contínua dos sistemas naturais.

6.3.6 Gestão de recursos e economia circular:

Tecnologias eficientes em termos de recursos:

A ênfase na eficiência dos recursos na conceção e produção de tecnologias de captação de energia contribui para a gestão sustentável dos recursos e alinha-se com os princípios da economia circular.

Reciclagem e Upcycling:

A promoção de iniciativas de reciclagem e upcycling para dispositivos de captação de energia minimiza os resíduos e prolonga o ciclo de vida dos materiais, reduzindo o impacto ambiental associado ao fabrico.

6.3.7 Sensibilização e participação do público:

Campanhas educativas:

As campanhas de sensibilização do público para os benefícios e preocupações ambientais das tecnologias de captação de energia permitem que as comunidades façam escolhas informadas e participem em práticas sustentáveis.

Envolvimento da comunidade:

O envolvimento das comunidades no processo de tomada de decisão para projectos de recolha de energia promove um sentido de responsabilidade e assegura que as considerações ambientais se alinham com os valores e prioridades locais.

A captação de energia tem um imenso potencial para resultados ambientais positivos, desde que os desafios e preocupações associados sejam abordados através de práticas responsáveis, investigação contínua e tomada de decisões informadas. Ao promover um equilíbrio entre as necessidades energéticas e a preservação ecológica, a extração de energia pode contribuir significativamente para um futuro sustentável e resiliente.

6.4 Equidade e acessibilidade energética

As tecnologias de extração de energia desempenham um papel fundamental na promoção da equidade e da acessibilidade à energia, na resolução das disparidades no acesso à energia e na capacitação das comunidades. Esta secção examina o impacto da recolha de energia na garantia de um acesso equitativo a fontes de energia sustentáveis.

6.4.1 Colmatar o fosso energético:

Produção descentralizada de energia:

A recolha de energia facilita a produção descentralizada de energia, permitindo que as comunidades em áreas remotas e mal servidas produzam a sua própria eletricidade. Esta descentralização ajuda a colmatar o fosso energético, fornecendo fontes de energia fiáveis e sustentáveis.

Soluções fora da rede:

As soluções de recolha de energia fora da rede destinam-se a zonas sem acesso a redes eléctricas convencionais, oferecendo uma alternativa viável e sustentável para satisfazer as necessidades energéticas de comunidades isoladas.

6.4.2 Capacitar as comunidades mal servidas:

Eletrificação rural:

A recolha de energia contribui para os esforços de eletrificação rural, permitindo que as comunidades agrícolas tenham acesso à eletricidade para irrigação, iluminação e outras actividades essenciais.

Melhorar as oportunidades educativas:

As fontes de energia sustentáveis melhoram as oportunidades educativas em regiões carenciadas, fornecendo eletricidade fiável às escolas, facilitando a aprendizagem digital e alimentando dispositivos educativos.

6.4.3 Desenvolvimento económico inclusivo:

Apoio às microempresas:

Os sistemas de captação de energia apoiam as microempresas, fornecendo soluções de energia fiáveis e sustentáveis para pequenas empresas em zonas rurais e fora da rede, promovendo a inclusão económica e o empreendedorismo.

Criação de emprego nas comunidades locais:

A implantação e manutenção de infra-estruturas de captação de energia criam oportunidades de emprego nas comunidades locais, contribuindo para o desenvolvimento económico e reduzindo a dependência do emprego centralizado.

6.4.4 Acesso aos cuidados de saúde e bem-estar da comunidade:

Alimentação de instalações de cuidados de saúde:

A captação de energia garante um fornecimento de energia consistente para instalações de cuidados de saúde em áreas remotas, melhorando o acesso a serviços médicos, refrigeração para vacinas e outras necessidades críticas de cuidados de saúde.

Melhoria do bem-estar da comunidade:

O acesso à energia sustentável tem um impacto positivo no bem-estar geral da comunidade, fornecendo iluminação para actividades nocturnas mais seguras, alimentando sistemas de purificação de água e apoiando infra-estruturas relacionadas com a saúde.

6.4.5 *Igualdade de género e inclusão social:*

Capacitação das mulheres:

A recolha de energia pode contribuir para a igualdade entre os sexos, proporcionando às mulheres acesso à eletricidade para actividades geradoras de rendimentos, educação e melhores cuidados de saúde, capacitando-as em vários aspectos da vida.

Desenvolvimento comunitário inclusivo:

Os projectos energéticos inclusivos que envolvem os membros da comunidade nos processos de tomada de decisão garantem que os benefícios das tecnologias de captação de energia são distribuídos equitativamente, promovendo a inclusão social.

6.4.6 Resiliência às catástrofes:

Soluções de energia de emergência:

As tecnologias de captação de energia contribuem para a resiliência às catástrofes, fornecendo soluções de energia fora da rede durante as emergências. Isto garante que os serviços críticos, as comunicações e as instalações médicas permaneçam operacionais em tempos de crise.

Capacitação da comunidade para a preparação para catástrofes:

As comunidades equipadas com infra-estruturas de captação de energia estão mais bem preparadas para as catástrofes, uma vez que têm acesso a fontes de energia fiáveis para comunicações, iluminação de emergência e serviços essenciais.

6.4.7 Iniciativas educativas e de sensibilização:

Programas de literacia energética:

As iniciativas educativas centradas nas tecnologias de captação de energia aumentam a literacia energética nas comunidades, promovendo a compreensão das práticas energéticas sustentáveis e encorajando a tomada de decisões informadas.

Campanhas de sensibilização da comunidade:

As campanhas de sensibilização sobre os benefícios das tecnologias de captação de energia permitem que as comunidades participem ativamente na adoção e manutenção destes sistemas, garantindo um acesso sustentado à energia.

6.4.8 Defesa de políticas para a equidade energética:

Políticas energéticas inclusivas:

A defesa de políticas energéticas inclusivas garante que as iniciativas governamentais dão prioridade à equidade energética, abordando as necessidades específicas das comunidades carenciadas e promovendo a implantação de tecnologias de recolha de energia nessas áreas.

Incentivos financeiros:

Os incentivos e subsídios governamentais para a instalação de sistemas de captação de energia em regiões mal servidas podem acelerar a adoção e contribuir para a equidade energética, tornando estas tecnologias mais acessíveis.

A recolha de energia surge como um fator-chave para a equidade energética, promovendo a inclusão e capacitando as comunidades que historicamente têm enfrentado desafios no acesso a fontes de energia fiáveis e sustentáveis. Ao responder às necessidades energéticas específicas de diversas populações, a recolha de energia contribui para uma paisagem energética mais equitativa e sustentável.

Referências

Ali, A., Shaukat, H., Bibi, S., Altabey, W. A., Noori, M., & Kouritem, S. A. (2023, 1 de setembro). Progresso recente em sistemas de coleta de energia para tecnologia vestível. Revisões de estratégia de energia. Elsevier Ltd. https://doi.org/10.1016/j.esr.2023.101124

Calió, R., Rongala, U. B., Camboni, D., Milazzo, M., Stefanini, C., de Petris, G., & Oddo, C. M. (2014, 10 de março). Soluções de recolha de energia piezoeléctrica. Sensores (Suíça). Molecular Diversity Preservation International. https://doi.org/10.3390/s140304755

Choi, Y. M., Lee, M. G., & Jeon, Y. (2017). Tecnologias de colheita de energia biomecânica vestível. Energias. MDPI AG. https://doi.org/10.3390/en10101483

Covaci, C., & Gontean, A. (2020, 1 de junho). Soluções de coleta de energia piezoelétrica: Uma revisão. Sensores (Suíça). MDPI AG. https://doi.org/10.3390/s20123512

Deng, Q., Kammoun, M., Erturk, A., & Sharma, P. (2014). Colheita de energia flexoeléctrica em nanoescala. International Journal of Solids and Structures, 51(18), 3218-3225. https://doi.org/10.1016/j.ijsolstr.2014.05.018

Elahi, H., Munir, K., Eugeni, M., Atek, S., & Gaudenzi, P. (2020, 22 de outubro). Colheita de energia para dispositivos iot autoalimentados. Energias. MDPI AG. https://doi.org/10.3390/en13215528

Hao, D., Qi, L., Tairab, A. M., Ahmed, A., Azam, A., Luo, D., ... Yan, J. (2022, 1 de abril). Tecnologias de coleta de energia solar para aplicações fotovoltaicas autoalimentadas: Uma revisão abrangente. Renewable Energy. Elsevier Ltd. https://doi.org/10.1016/j.renene.2022.02.066

Kang, M. G., Jung, W. S., Kang, C. Y., & Yoon, S. J. (2016, 1 de março). Progresso recente em tecnologias de coleta de energia piezoelétrica baseadas em PZT. Actuadores. MDPI AG. https://doi.org/10.3390/act5010005

Lee, M. H., & Wu, W. (2022). Materiais 2D para coleta de energia vestível. Tecnologias de materiais avançados. John Wiley and Sons Inc. https://doi.org/10.1002/admt.202101623

Mahapatra, S. D., Mohapatra, P. C., Aria, A. I., Christie, G., Mishra, Y. K., Hofmann, S., & Thakur, V. K. (2021, 1 de setembro). Materiais piezoelétricos para aplicações de coleta e deteção de energia: Roteiro para futuros materiais inteligentes. Ciência avançada. John Wiley and Sons Inc. https://doi.org/10.1002/advs.202100864

Naik, N., Suresh, P., Yadav, S., Nisha, M. P., Arias-Gonzáles, J. L., Cotrina-Aliaga, J. C., ... Kunjibettu, A. B. (2023, 1 de abril). Uma revisão sobre materiais compostos para coleta de energia em veículos elétricos. Energias. MDPI. https://doi.org/10.3390/en16083348

Pecunia, V., Silva, S. R. P., Phillips, J. D., Artegiani, E., Romeo, A., Shim, H., ... Joshi, A. P. (2023). Roteiro sobre materiais de colheita de energia. JPhys Materials, 6(4). https://doi.org/10.1088/2515-7639/acc550

Petsagkourakis, I., Tybrandt, K., Crispin, X., Ohkubo, I., Satoh, N., & Mori, T. (2018, 31 de dezembro). Materiais termoelétricos e aplicações para geração de energia de colheita de energia. Ciência e Tecnologia de Materiais Avançados. Taylor e Francis Ltd. https://doi.org/10.1080/14686996.2018.1530938

Radhakrishnan, S., Joseph, S., Jelmy, E. J., Saji, K. J., Sanathanakrishnan, T., & John, H. (2022). Nanogeradores triboeléctricos para aplicações de recolha e deteção de energia marinha. Resultados em Engenharia, 15. https://doi.org/10.1016/j.rineng.2022.100487

Sah, D. K., & Amgoth, T. (2020). Renewable energy harvesting schemes in wireless sensor networks (esquemas de recolha de energia renovável em redes de sensores sem fios): A Survey. Information Fusion, 63, 223-247. https://doi.org/10.1016/j.inffus.2020.07.005

Sanislav, T., Mois, G. D., Zeadally, S., & Folea, S. C. (2021). Técnicas de coleta de energia para Internet das Coisas (IoT). IEEE Access, 9, 39530-39549. https://doi.org/10.1109/ACCESS.2021.3064066

Satharasinghe, A., Hughes-Riley, T., & Dias, T. (2020, 2 de outubro). Uma revisão dos têxteis eletrônicos de coleta de energia solar. Sensores (Suíça). MDPI AG. https://doi.org/10.3390/s20205938

Shirvanimoghaddam, M., Shirvanimoghaddam, K., Abolhasani, M. M., Farhangi, M., Zahiri Barsari, V., Liu, H., ... Naebe, M. (2019). Rumo a uma Internet das Coisas Verde e Auto-alimentada Usando a Colheita de Energia Piezoelétrica. IEEE Access, 7, 94533-94556. https://doi.org/10.1109/ACCESS.2019.2928523

Slabov, V., Kopyl, S., Soares dos Santos, M. P., & Kholkin, A. L. (2020, 1 de janeiro). Materiais naturais e ecologicamente corretos para a coleta de energia triboelétrica. Nano-Micro Letters. Springer. https://doi.org/10.1007/s40820-020-0373-y

Ulukus, S., Yener, A., Erkip, E., Simeone, O., Zorzi, M., Grover, P., & Huang, K. (2015, 1 de março). Comunicações sem fio de colheita de energia: Uma revisão dos avanços recentes. Jornal IEEE sobre áreas selecionadas em comunicações. Instituto de Engenheiros Eléctricos e Electrónicos Inc. https://doi.org/10.1109/JSAC.2015.2391531

Vullers, R. J. M., van Schaijk, R., Doms, I., Van Hoof, C., & Mertens, R. (2009). Micropower energy harvesting. Solid-State Electronics, 53(7), 684-693. https://doi.org/10.1016/j.sse.2008.12.011

Wankhade, S. H., Tiwari, S., Gaur, A., & Maiti, P. (2020). Nanogerador baseado em nanohíbrido PVDF-PZT para aplicações de coleta de energia. Energy Reports, 6, 358-364. https://doi.org/10.1016/j.egyr.2020.02.003

Wei, C., & Jing, X. (2017). Uma revisão abrangente sobre a colheita de energia de vibração: Modelação e realização. Revisões de energia renovável e sustentável. Elsevier Ltd. https://doi.org/10.1016Zj.rser.2017.01.073

Xiao, X., Wang, M., & Cao, G. (2023). Sistema de monitorização da temperatura baseado na recolha de energia solar e no carregamento sem fios para armazenamento de alimentos. Sensors International, 4. https://doi.org/10.1016Zj.sintl.2022.100208

Zhao, J., Ghannam, R., Htet, K. O., Liu, Y., Law, M. kay, Roy, V. A. L., ... Heidari, H. (2020, 1 de setembro). Dispositivos médicos implantáveis autoalimentados: Revisão da colheita de energia fotovoltaica. Materiais avançados para cuidados de saúde. Wiley-VCH Verlag. https://doi.org/10.1002/adhm.202000779

Printed by Books on Demand GmbH, Norderstedt / Germany